理化检测技术与应用丛书

涂料检测技术与应用

组　编　中国中车股份有限公司计量理化技术委员会

主　编　于跃斌　仇慧群

副主编　王庆文

参　编　杨业伙　苏　迪　王艳玲　曹弘志　黄德明

机 械 工 业 出 版 社

本书全面系统地介绍了涂料及其分析检测技术，主要内容包括：概述、涂料检测准备、涂料施工前性能检测、涂料施工性能检测、涂膜制备与外观检测、涂膜力学性能检测、涂膜化学性能检测、数据处理、车辆涂料中有害物成分检测。本书采用现行国家标准和行业标准，针对涂料检测人员实际生产操作需要，侧重检验工作过程实际应用，对涂料分析检测的操作步骤、技术要点、检测结果评定及检测过程中注意事项等进行了详细介绍，具有很强的实用性和指导性。

本书可供涂料检测人员、生产与使用涂料的工程技术人员与科研人员，以及相关专业的在校师生参考，也可作为轨道交通涂料检测的培训教材。

图书在版编目（CIP）数据

涂料检测技术与应用/中国中车股份有限公司计量理化技术委员会组编；于跃斌，仇慧群主编. —北京：机械工业出版社，2024.6

（理化检测技术与应用丛书）

ISBN 978-7-111-75667-5

Ⅰ.①涂…　Ⅱ.①中…②于…③仇…　Ⅲ.①涂料-检测
Ⅳ.①TQ630.7

中国国家版本馆 CIP 数据核字（2024）第 080857 号

机械工业出版社（北京市百万庄大街 22 号　邮政编码 100037）

策划编辑：陈保华　　　　责任编辑：陈保华　王春雨

责任校对：王小童　李小宝　　封面设计：马精明

责任印制：常天培

北京科信印刷有限公司印刷

2024 年 6 月第 1 版第 1 次印刷

184mm×260mm · 11 印张 · 255 千字

标准书号：ISBN 978-7-111-75667-5

定价：49.00 元

电话服务　　　　　　　　网络服务

客服电话：010-88361066　　机　工　官　网：www.cmpbook.com

　　　　　010-88379833　　机　工　官　博：weibo.com/cmp1952

　　　　　010-68326294　　金　书　网：www.golden-book.com

　机工教育服务网：www.cmpedu.com

前 言

涂料在我国的传统名称为油漆。所谓涂料，是涂覆在被保护或被装饰的物体表面，并能与被涂物形成牢固附着的连续薄膜，通常是以树脂、油或乳液为主，添加或不添加颜料、填料，添加相应助剂，用有机溶剂或水配制而成的黏稠液体。涂料的分析检测是根据国家、行业或企业产品标准及检测方法对涂料成品进行质量检测和控制。

轨道交通行业产品涂料分析具有较强的行业特点。为了帮助涂料检验人员深入理解检测标准、获得准确的涂料检测数据，并为相关工程技术人员合理制订涂装工艺和提高产品质量等提供有关性能方面的依据，我们编写了这本《涂料检测技术与应用》。本书针对涂料检测人员的实际生产操作需要，侧重检测工作过程实际应用，对行业内涂料分析检测的操作步骤、技术要点、检测结果评定及检测过程中的注意事项等进行了详细的介绍，具有很强的指导性。

本书系统地阐述了涂料检测方法的原理、试验程序及相关标准，在层次安排上由浅入深，注重基本理论与实践相结合，详细讲解了涂料基础知识、取样方法、基本性能、光学性能、热学性能、耐化学剂性能、老化性能及老化后评估等，并介绍了安全及环保性能。本书是编者在总结多年涂料检测技术的基础上，结合教学、培训等实践积累，根据国家标准和行业标准及轨道交通行业特点编写而成的。本书可供涂料检测人员、生产与使用涂料的工程技术人员与科研人员，以及相关专业的在校师生参考，也可作为轨道交通涂料检测的培训教材。

本书由于跃斌、仇慧群担任主编，王庆文担任副主编，参加编写工作的还有杨业伙、苏迪、王艳玲、曹弘志、黄德明。其中，第1章、第2章由于跃斌、杨业伙编写，第3章、第6章由苏迪编写，第4章由王艳玲编写，第5章由曹弘志编写，第7章由王庆文编写，第8章由黄德明编写，第9章由仇慧群编写。

本书在编写过程中，参考了国内外同行的相关文献，在此谨向有关人员表示衷心的感谢！由于编者水平有限，不妥之处在所难免，恳请广大读者批评指正！

仇慧群

目 录

第1章 概述

1.1 涂料基础知识

1.1.1 涂料定义

涂料是涂于物体表面能形成具有保护、装饰或特殊性能（如绝缘、防腐、标志等）的固态涂膜（又称漆膜或涂层）的一类液体或固体材料之总称。

制作涂料，由于早期使用的主要原料为油和漆，所以人们习惯上称之为油漆。随着社会生产力的发展，特别是化学工业的发展及合成树脂工业的出现，使能起到油漆作用的原料种类大大丰富，性能更加优异多样，因此，油漆一词已不能恰当反映它们的真正含义，而比较确切的应该称为涂料。

人类生产和使用涂料已有悠久的历史，一般可分天然成膜物质的使用、涂料工业的形成和合成树脂涂料的生产三个发展阶段。西班牙阿尔塔米拉洞窟的绘画、法国拉斯科洞穴的岩壁绘画和中国仰韶文化时期残陶上的漆绘花纹等大量考古资料证实，在公元前5000年左右的新石器时代，人们就使用野兽的油脂、草类和树木的汁液及天然颜料等配制原始涂饰物质，用羽毛、树枝等进行绘画。

涂料属于精细化工产品，但按其组成来看，它是由不同的化工产品组成的混合物，而不是化合物，更不是纯化工产品。由涂料形成的涂膜则是以具有黏弹性的无定形高聚物为主体组成的固态混合物。

1.1.2 涂料作用

对形成的涂膜而言，涂料是涂膜的“半成品”。涂料经过使用，即施工到被涂物体表面形成涂膜后才能表现其作用。涂料通过涂膜所起的作用有以下几类。

（1）保护作用　涂料可在被涂物体表面形成牢固附着的连续薄膜，使之免受各种腐蚀介质［如大气中的湿气、氧、工业大气（如 H_2S、NO_2、NH_3 等）和化学液体（如酸、碱、盐的水溶液及有机溶剂等）］的侵蚀，也能使被涂物体表面减少或免受机械损伤和日晒雨淋而带来的腐蚀，从而延长其使用寿命。

（2）装饰作用　涂料能使物体表面带上鲜艳或明显的色彩、能给人们美的感受和轻快之感，并提高产品的使用和商品销售价值。各种轻工产品、木器家具、房屋建筑以至铅笔、玩具等无一不需要用涂料加以装饰。

（3）标志作用　涂料可用作色彩广告标志，利用不同色彩来表示警告、危险、安全或停止等信号，在各种管道、道路、容器、机械设备上涂上各种色彩的涂料，能够调节人的心理、行动，使色彩功能达到充分发挥。

（4）掩饰产品的缺陷　产品有气孔、划痕、不平等缺陷，可以通过涂料来加以掩饰。

（5）特殊作用　各种专用涂料还具有其特殊作用，尤其在较恶劣的特定环境条件下的作用。例如，电器产品的绝缘，用于湿热带及海洋地区的产品要求涂料有“三防”性能（防湿热、防盐雾、防霉菌）；在船舶底部表面要求防污（防海洋生物附着）抗微生物腐蚀涂料；示温涂料可指示被涂物体表面的温度变化，以保障安全运作；防火涂料可减缓燃烧速度和火势的蔓延；烧蚀涂料的“自我牺牲”可保护宇宙飞船免受高温烧毁。总之，涂料的特殊作用在现代工程技术和国防建设中越来越显示出它的特殊作用，受到人们的日益重视。

1.1.3　涂料组成

涂料主要由成膜物质、颜料、溶剂、助剂四部分组成。

1. 成膜物质

成膜物质是涂料的基础，它具有黏结涂料中其他组分并形成涂膜的功能，对涂料和涂膜的性能起决定性的作用。涂料的主要成膜物质多属于高分子化合物或成膜时能形成高分子化合物的物质。前者如天然树脂（虫胶、大漆等）、人造树脂（松香甘油酯、硝化纤维素）和合成树脂（醇酸树脂、聚丙烯酸酯、环氧树脂、聚氨酯、氯磺化聚乙烯、聚乙烯醇系缩聚物、聚乙酸乙烯及其共聚物等）；后者如某些植物油料（桐油、籽油、亚麻仁油等）及硅溶胶等。为满足涂料的多种性能要求，可以在一种涂料中采用多种树脂配合，或与油料配合，共同作为主要成膜物质。

涂料成膜物质具有的最基本特性是它能经过施工形成薄层的涂膜，并为涂膜提供所需的各种性能；它还能和其他组分混溶形成均匀分散体，可是液态，也可是固态。

涂料涂饰施工在被涂物体表面只是完成了涂料成膜的第一步，还要继续进行变成固态连续涂膜的过程，这样才能完成全部的涂料成膜过程。这个由“湿膜”变为“干膜”的过程通常称为干燥或固化。这个干燥或固化的过程是涂料成膜过程的核心。不同形态和组成的涂料有各自的成膜机理，成膜机理是由涂料所用的成膜物质的性质决定的。通常将涂料的成膜机理分为以下两大类。

1）非转化型：一般指物理成膜方式，即主要依靠涂膜中的溶剂或其他分散介质的挥发，涂膜黏度逐渐增大而形成固体涂膜，如丙烯酸涂料、氯化橡胶涂料、沥青漆、乙烯涂料等。成膜物质在涂料成膜过程中的组成结构不发生变化，在涂膜中可以检查出成膜物质的原有结构。它们具有热塑性，受热软化，冷却后又变硬，大多具有可溶解性，是可溶可熔的。

2）转化型：一般指成膜过程中发生了化学反应，并且涂料主要依靠化学反应发生成膜。这种成膜就是涂料中的成膜物质在施工后聚合为高聚物涂膜的过程，可以说是一种特殊的高聚物合成方式，它完全遵循高分子合成反应机理，如醇酸涂料、环氧涂料、聚氨酯涂料、酚醛涂料等。

2. 颜料

颜料是有颜色的涂料（色漆）的一个主要组分。颜料使涂膜呈现色彩和具有遮盖被涂物体的能力，以发挥其装饰和保护作用。有些颜料还能提供诸如提高涂膜力学性能、提高涂膜耐久性、防腐蚀、导电、阻燃等性能。颜料按来源可以分为天然颜料和合成颜料；按化学成分可以分为无机颜料和有机颜料；按在涂料中的作用可以分为着色颜料、体质颜料和特种颜料。涂料中使用最多的是无机颜料，合成颜料的使用也很广泛，现在有机颜料的发展很快。

3. 溶剂

溶剂能将涂料中的成膜物质溶解或分散为均匀的液态，以便于施工成膜，在施工后又能从涂膜中挥发至大气中。原则上溶剂不构成涂膜，也不应存留在涂膜中。很多化学品，包括水、无机化合物和有机化合物都可以作为涂料的溶剂组分。现代的某些涂料中开发应用了一些既能溶解或分散成膜物质为液态，又能在施工成膜过程中与成膜物质发生化学反应形成新的物质而存留在涂膜中的化合物，称为反应活性剂或活性稀释剂。溶剂有的是在涂料制造时加入，有的是在涂料施工时加入。

4. 助剂

助剂也称为涂料的辅助材料组分，但它不能独立形成涂膜，且用量较少，它在涂料成膜后可以作为涂膜的一个组分而在涂膜中存在。助剂的作用是对涂料或涂膜的某一特定方面的性能起改进作用。不同品种的涂料应使用不同作用的助剂；即使是同一类型的涂料，由于其使用的目的、方法或性能要求的不同，也应使用不同的助剂；一种涂料中可使用多种不同的助剂，以发挥其不同作用。

根据助剂对涂料和涂膜所起的作用，现代涂料所使用的助剂可分为以下四个类型。

1）对涂料生产过程发生作用，如消泡剂、润湿剂、分散剂、乳化剂等。

2）对涂料贮存过程中发生作用，如防结皮剂、防沉淀剂等。

3）对涂料施工成膜过程中发生作用，如催干剂、固化剂、流平剂、防流挂剂等。

4）对涂料涂膜性能发生作用，如增塑剂、平光剂、防霉剂、阻燃剂、防静电剂、紫外线吸收剂等。

1.1.4　涂料分类

涂料的具体分类如下。

1）按涂料的形态可分为水性涂料、溶剂性涂料、粉末涂料、高固体分涂料等。

2）按成膜机理可分为非转化型涂料、转化型涂料。

3）按施工方法可分为刷涂涂料、喷涂涂料、辊涂涂料、浸涂涂料、电泳涂料、淋涂涂料等。

4）按涂膜干燥方式可分为常温干燥涂料、加热干燥涂料、湿固化涂料、蒸汽固化涂料、辐射固化涂料等。

5）按施工工序可分为底漆、腻子、中涂漆（二道底漆）、面漆等。

6）按性能可分为绝缘涂料、防腐涂料、导电涂料、防锈涂料、耐高温涂料、示温涂料、隔热涂料、防火涂料、防水涂料等。

7）按使用对象可分为汽车涂料、飞机涂料、家电涂料、木器涂料等。

8）按成膜物质分类。按成膜物质来分类是目前最普遍的分类方法，由于涂料种类繁多，以往的分类没有统一的方法，所以原化工部有关部门对涂料的分类进行了统一规定，将涂料产品分为 18 类（包括 17 类涂料和 1 类辅助材料）。涂料类别、代号与主要成膜物质见表 1-1，辅助材料分类见表 1-2。

表 1-1　涂料类别、代号与主要成膜物质

序号	代号	涂料类别	主要成膜物质
1	Y	油脂漆类	天然动植物油、合成油、清油等
2	T	天然树脂漆类	松香及其衍生物、虫胶、动物胶、大漆及其衍生物等
3	F	酚醛树脂漆类	纯酚醛树脂、改性酚醛树脂、二甲苯树脂等
4	L	沥青漆类	天然沥青、石油沥青、煤焦沥青、硬脂酸沥青等
5	C	醇酸树脂漆类	甘油醇酸树脂、改性醇酸树脂、季戊四醇醇酸树脂、其他醇类醇酸树脂等
6	A	氨基树脂漆类	脲醛树脂、三聚氰胺甲醛树脂等
7	Q	硝基漆类	硝基纤维素、改性硝基纤维素等
8	M	纤维素漆类	乙基纤维、苄基纤维、乙酸纤维等
9	G	过氯乙烯漆类	过氯乙烯树脂、改性过氯乙烯树脂等
10	X	烯树脂漆类	聚苯乙烯树脂、聚二乙烯乙炔树脂等
11	B	丙烯酸漆类	丙烯酸树脂、丙烯酸共聚物及其改性树脂等
12	Z	聚酯漆类	饱和聚酯树脂、不饱和聚酯树脂等
13	H	环氧树脂漆类	环氧树脂、改性环氧树脂等
14	S	聚氨酯漆类	聚氨基甲酸酯树脂、改性聚氨酯树脂等
15	W	元素有机漆类	有机硅、有机钛、有机铝等元素有机聚合物等
16	J	橡胶漆类	天然橡胶及其衍生物、合成橡胶及其衍生物等
17	E	其他漆类	除上述外的成膜物质，如有机高分子材料、聚酰亚胺树脂等

表 1-2　辅助材料分类

序号	代号	名称	序号	代号	名称
1	X	稀释剂	4	T	脱漆剂
2	F	防潮剂	5	H	固化剂
3	G	催干剂			

1.1.5　涂料命名

涂料全名=颜色或颜料名称+成膜物质+基本名称。

涂料颜色应位于涂料名称最前面，如果颜料对涂膜性能起显著作用，则可用颜料的名称代替颜色的名称，置于涂料名称的最前面，如红丹油性防锈漆。命名时对涂料名称中的成膜物质名称应做适当简化，如聚氨基甲酸酯简化成聚氨酯。如果涂基中含有多种成膜物质，可选择起主要作用的那一种成膜物质命名，必要时可以选取两或三种成膜物质命名，主要在前，次要在后，如红环氧硝基磁漆。在成膜物质和基本名称之间，必要时可标明专业用途、特性等，如红过氯乙烯静电磁漆。

1.1.6 涂料型号

涂料的型号由三个部分组成：第一部分是主要成膜物质的代号，用汉语拼音字母表示；第二部分是基本名称，用两位数字表示；第三部分是序号，表示同类产品中组成、配比或用途不同的涂料品种。每个型号只表示一种涂料品种，以 C04-2 为例，其中“C”表示醇酸树脂（主要成膜物质），“04”表示磁漆（基本名称），“2”表示序号。

1.1.7 涂料基本名称

涂料基本名称代号见表 1-3。

表 1-3 涂料基本名称代号

代号	基本名称	代号	基本名称	代号	基本名称
00	清油	22	木器漆	53	防锈漆
01	清漆	23	罐头漆	54	耐油漆
02	厚漆	30	(浸渍)绝缘漆	55	耐水漆
03	调合漆	31	(覆盖)绝缘漆	60	耐火漆
04	磁漆	32	(绝缘)抗弧磁漆、互感器漆	61	耐热漆
05	粉末涂料	33	(黏合)绝缘漆	62	示温漆
06	底漆	34	漆包线漆	63	涂布漆
07	腻子	35	硅钢片漆	64	可剥漆
09	大漆	36	电容器漆	66	感光涂料
11	电泳漆	37	电阻漆、电位器漆	67	隔热涂料
12	乳胶漆	38	半导体漆	80	地板漆
13	其他水溶性漆	40	防污漆、防蛆漆	81	渔网漆
14	透明漆	41	水线漆	82	锅炉漆
15	斑纹漆	42	甲板漆、甲板防滑漆	83	烟囱漆
16	锤纹漆	43	船壳漆	84	黑板漆
17	皱纹漆	44	船底漆	85	调色漆
18	裂纹漆	50	耐酸漆	86	标志漆、马路划线漆
19	晶纹漆	51	耐碱漆	98	胶液
20	铅笔漆	52	防腐漆	99	其他

1.2 涂料分析检测的目的与意义

1.2.1 涂料分析检测的目的

涂料的性能决定了涂料的质量和涂料的用途，而涂料的性能是多方面的。为了从不同的角度对涂料性能进行评价，人们创造和制定了许多试验方法，这就是涂料的分析与检测。广义的涂料分析与检测包括为了涂料基础理论研究、生产过程控制、产品性能质量控制和施工过程质量管理等方面而进行的各项检测工作；通常则指对涂料产品进行性能检测和质量控制，主要包括对涂料本身性能检测和涂膜性能检测两个方面。

1.2.2 涂料分析检测的意义

涂料检测是涂料生产使用过程中不可缺少的重要环节，是制定涂料产品技术指标的主要依据，是用来评价涂料性能和质量的具体方法。涂料检测的意义可归纳为以下 3 个方面。

1）通过有限的试验，对所研制的涂料产品进行考查，为选定产品的配方设计、工艺条件提供数据，并指导试验工作，从而建立产品技术规格和标准。

2）通过对涂料进行分析检测，可以正确地反映涂料产品质量和控制产品质量。例如，在涂料生产过程中，通过对基料、色浆的各项性能检验，就可有效地对车间生产进行控制，可以保证正常生产；通过成品的出厂检验就能保证出厂产品批次质量的一致以及产品的性能和质量；使用单位在涂料使用前验收产品，进行各个项目的检测，考查涂膜是否能起到预期的装饰、保护作用和特种功能等，可以保证施工的正常进行。

3）通过检测试验得出的数据，开展基础理论的研究，找出组分与性能之间的关系，从而发现原有产品存在的问题及改进的方向，为新的科研课题和新产品的开发提供依据。

因此，涂料分析检测可以说是开展涂料科学研究、实现涂料产品开发、保证生产和使用的必要步骤和正常手段，是涂料标准化工作的一项重要内容，是在涂料生产和施工中全面推行质量管理和建立质量保证体系的前提与基础。

1.3 涂料分析检测的特点

涂料虽然也是一种化工产品，但就其组成和使用来说，与一般化工产品不同。所以，根据涂料产品及应用特性，涂料产品的质量检测和一般化工产品相比具有不同特点。

根据涂料产品及应用特性，涂料检测归纳起来有以下 7 个方面的特点。

1）涂料检测重点是对涂膜性能的检测，涂料是通过施工到物体表面得到的涂膜来体现其装饰及保护作用，故涂料检测主要体现在涂膜性能上。对于涂料产品本身状态的检测也是必要的，主要是检测产品质量的一致性。因而涂料的成膜过程和成膜后性能的检测是对涂料产品进行质量评判的基础，是考核涂料质量的主要内容。这方面的检测方法发展得最多最快。

2）涂料产品的质量检测应包括施工性能的检测。涂料产品品种繁多，应用面极为广泛，同一涂料产品可以在不同的方面应用。每种涂料产品只有通过施工部门施涂在被涂物上，形成牢固附着的连续涂膜后，才能发挥它的装饰和保护作用。这就要求每种涂料必须具有良好的施工性能，否则是达不到预期效果的，所以在进行涂料的质量检测时，必须对它的施工性能进行检测。

3）涂料检测以物理方法为主，化学方法为辅。单纯依据化学组成分析不能完全判定其质量状况，而是应看它是否符合所要求的材料性能，故涂料性能的检测多以物理检测为主。此外，在物理性能检测中，一种检测方法测得的结果往往是几个性能的综合，以检测柔韧性常用的弯曲试验为例，该试验的结果所反映的不单纯是柔韧性，还涉及涂料的硬度、附着力和延伸性。

4）涂料检测须选择相应底材，并按照严格的要求制备试板，否则是得不到正确结果的。尽量模仿实际条件，涂料用在什么样的底材上，检测过程就选择相应的底材进行，因此试验底材的选择和试验结果有一定的关系，更重要的是试验涂膜在底材上的制备工艺和质量对测试结果有显著的影响。

5）涂料检测应在多种试验方法中选择最合适的方法。涂料产品繁多，要求各异，为了表达其性能，经过多年的发展，一个检测项目发展了多种检测方法，这就形成了检测方法和仪器的多样化。同一检测项目的各种不同方法从不同角度进行检测，所得结果往往有差异，因此在涂料检测时应针对产品性能在多种试验方法中选择最合适的方法。

6）涂料检测方法虽然经过多年发展，尽量用量值表示，但还有些检测项目是通过与标准状况比较，或者用变化程度如“无变化”“轻微变化”等表示，在评定结果时干扰因素较多。另外，检测方法还没有全部仪器化，有些通过目测观察，易造成主观上的误差，增加了检测结果评定的难度。所以，有些检验项目规定同时采用3块或更多块试板进行测试，以多数的结果作为最后判定。

7）涂料检测的项目是多方面的，包括涂料原始状态、涂料施工性能、涂膜性能等。所以，最后结果的评定对于同类产品的可比性较大，对于不同组成的产品可比性较小。由于检测项目是多方面的，对涂料性能的最后判断必须用各项指标来综合平衡，单独某项指标的比较不能说明该产品性能的优劣。

1.4　涂料性能及检测的内容

涂料的性能包括涂料产品本身和涂膜的性能。涂料产品本身的性能一般包括涂料在未使用前应具备的性能（涂料原始状态的性能）和涂料使用时应具备的性能（涂料施工性能）；涂膜性能包括涂膜的力学性能、化学性能等。随着环保性能受到高度关注，涂料的环保性能检测也逐渐得到了重视。

1. 涂料在未使用前应具备的性能

涂料在未使用前应具备的性能，所表示的是涂料包装后，经运输、贮存，直到使用时的各方面性能和质量情况。其检测内容有外观、密度、细度、黏度、不挥发分等。

2. 涂料使用时应具备的性能

涂料使用时应具备的性能，所表示的是涂料的使用方式、使用条件，形成涂膜所需要的条件，以及涂料涂布在底材上开始至形成涂膜为止的表现等方面情况。其检测内容有施工性、干燥时间、流平性、流挂性、涂膜厚度、遮盖力等。

3. 涂膜的性能

涂膜的性能即涂膜应具备的性能，也是涂料最主要的性能。涂料产品本身的性能只是为了得到需要的涂膜，而涂膜的性能才能表现涂料是否满足了被涂物体的使用要求，即涂膜性能表示涂料的装饰、保护和其他作用。涂膜性能包括范围很广，主要有装饰方面、力学性能方面、抵抗外来介质和大自然侵蚀以及自身老化破坏等各种性能。其检测内容有涂膜颜色、光泽、附着力、柔韧性、硬度、耐冲击性、耐油性、耐水性、耐化学试剂性、耐候性等。

4. 涂料的环保性能

涂料的环保性能是指油漆产品的性能指标和安全指标在符合各自产品标准的前提下，还符合国家环境标志产品所提出的技术要求。一般油漆中或多或少会存在苯、甲醛、可溶性重金属等有害物质，因此会对人们健康造成一定影响。

1.5 涂料分析检测的主要进展

由于人们对涂料性能的认识不充分，且涂料品种千变万化、用途及使用环境各异，难以建立一套统一的标准评价方法，因此，相对于塑料、橡胶等材料性能评价的日趋完善，涂料的性能评价远远滞后于涂料工业的发展。

传统涂料品种比较简单，检测项目较少，检测方法也比较简单。随着涂料工业的不断发展，目前已从原始的手摸、眼看等观察方法，发展到标准齐全，对每个性能项目的检测都有相对应的检测标准，且有对应的检测设备；涂料分析检测的项目和方法，逐年增多，新的检验方法和仪器不断出现。涂料检测技术正朝着科学、先进、快速、简便、自动化、规范化、多功能和综合性等方向发展，测试结果的精度和准确度大大提高。

应用仪器分析和测试成为当今涂料工业检测的主流，过去主要是化学分析（定性定量），现在则广泛采用现代化的仪器分析技术，如电子显微镜、红外光谱、X 射线衍射、气相色谱等。运用这些分析技术，可以解决使用一般检测仪器和化学分析方法所不能分析及鉴定的问题。

分析仪器在向微型化、智能化和仪器联用方向发展，正确理解、使用和组合这些先进测试仪器及技术，对涂料生产者和科研者来说都将是“如虎添翼”。例如，非破坏性仪器测厚仪可以对涂膜厚度进行测定；用红外光谱可以推断漆基的类型，但红外光谱法的灵敏度较低；气相色谱可以对被测物质定量，却无法给未知成分定性；用 X 射线衍射法可以分析涂料中颜料的组成和类型，但在分析有机颜料时灵敏度低等。气相色谱和红外光谱联用、色谱和质谱联用等能圆满地解决未知物的分析问题。

检测技术的发展推动了涂料科学不断向前发展。从涂料的研制、生产到施工形成涂膜的整个过程都加强了检测技术的运用，涂料和涂膜性能方面的测试研究、涂料组成与涂料性质之间的相关性研究，以及涂料缺陷方面的诊断补偿研究都离不开对涂料组成的全面分析。

第2章

涂料检测准备

2.1 涂料检测标准

标准是对重复性事物和概念所做的统一规定，它以科学技术和实践经验的结合成果为基础，经有关方面协商一致，由主管机构批准，以特定形式发布作为共同遵守的准则和依据。

在对涂料进行检测前，首先要了解涂料的产品标准，通过产品标准技术指标要求，对检测项目做出可执行性判断（人、机、料、法、环）是否符合标准要求，熟悉掌握标准在检测工作中是十分必要的。

2.1.1 标准分类

1）根据标准协调统一的范围及适用范围的不同，可分为国际标准、区域性标准、国家标准、行业标准、地方标准、企业标准六类。

2）按标准化对象，通常把标准分为技术标准、管理标准和工作标准三大类。

3）标准又分为综合标准、产品标准、（化学）检测标准、安全标准、卫生标准、环境标准等。

2.1.2 涂料相关标准

涂料产品标准有国家标准、行业标准、企业标准、国际标准等。

1. 国家标准

国家标准是由国家有关部门制定的，在全国范围内使用的标准。它分为国家强制标准（用GB代表）和国家推荐标准（用GB/T代表）两种。国家强制标准（GB）是我国任何企业必须执行的标准，多涉及人身安全、环境保护、食品卫生安全、国家安全等方面。国家推荐标准（GB/T）是一类国家鼓励企业采用但不强制执行的标准。

2. 行业标准

行业标准是某一行业根据自身的特点制定的标准，只适用于本行业使用。化工行业的行业标准有化工行业标准（用HG代表）和化工行业暂行标准（用HG/T代表）。行业标准大多是在没有相应国家标准的前提下制定的。有相应国家标准时，应该采用国家标准。与涂料相关的行业标准有建工行业标准（JG）、化工行业标准（HG）、建材行业标准（JC）、环保行业标准（HJ）等，轨道交通行业也有相关的标准（TB）。

3. 企业标准

企业标准是企业根据自身产品的特点制定的标准，其产品特性一般不能低于相应的国家标准和行业标准。企业为了突出其产品的先进性，可以制定企业标准。当没有相应的国家标准和行业标准时，企业应该制定企业标准。

4. 与用户签订的合同或协议标准

当面对生产实践需要时，涂料生产企业可就某种产品与用户签订技术协议和供货合同等。以技术协议为例，应明确注明需要测试哪些指标，这些指标用什么方法测定等（以表2-1为例）。

表 2-1　汽车修补漆技术指标

检测项目	指标	检测方法
细度/μm	10	GB/T 1724—2019
硬度	2H	GB/T 6739—2022
附着力/级	1	GB/T 9286—2021
柔韧性/mm	1	GB/T 1731—2020
光泽(60°)/%	95	GB/T 9754—2007
杯突试验/mm	4	GB/T 9753—2007
耐候性(广州 48 个月)	无明显龟裂,允许轻微变色,失光率 30%	GB/T 1727—2021

5. 国际标准

著名的国际标准有 ASTM 标准和 ISO 标准。在全球经济一体化的大环境里，尽可能采用国际惯例和国际标准，能尽快地与国际接轨。实际上，我国等效采用国际标准的国家标准很多，如 GB/T 1865—2009《色漆和清漆　人工气候老化和人工辐射曝露　滤过的氙弧辐射》等效采用 ISO 11341：2004。

2.1.3　涂料检测常用标准

涂料检测工作一般分为涂料施工前性能检测、施工性能检测、涂膜性能检测以及涂料成分分析等。涂料检测标准都有相应的国家标准或行业标准。鉴于检测标准很多，在这里只列出本书中应用的检测方法标准。

1. 涂料施工前性能检测标准

1）涂料检测取样标准：GB/T 3186—2006《色漆、清漆和色漆与清漆用原材料　取样》。

2）涂料试样检查和制备标准：GB/T 20777—2006《色漆和清漆　试样的检查和制备》。

3）涂料检测用标准试板标准：GB/T 9271—2008《色漆和清漆　标准试板》。

4）涂料检测样品的状态调节标准：GB/T 9278—2008《涂料试样状态调节和试验的温湿度》。

5）涂料（清漆、清油和稀释剂）透明度检测标准：GB/T 1721—2008《清漆、清油及稀释剂外观和透明度测定法》。

6）涂料（清漆、清油和稀释剂）颜色检测标准：GB/T 1722—1992《清漆、清油及稀释剂颜色测定法》。

7）涂料在容器中的状态标准：GB/T 9278—2008《涂料试样状态调节和试验的温湿度》。

8）涂料细度的检测标准：GB/T 1724—2019《色漆、清漆和印刷油墨　研磨细度的测定》

9）涂料黏度检测分为流出杯法和旋转黏度计法。流出杯法标准：GB/T 1723—1993《涂料粘度测定法》、GB/T 6753.4—1998《色漆和清漆　用流出杯测定流出时间》；旋转黏度计法标准：GB/T 2794—2022《胶黏剂黏度的测定》。

10）涂料不挥发物含量检测标准：GB/T 1725—2007《色漆、清漆和塑料　不挥发物含量的测定》。

11）涂料贮存稳定性检测标准：GB/T 6753.3—1986《涂料贮存稳定性试验方法》。

12）涂料密度检测标准：GB/T 6750—2007《色漆和清漆　密度的测定　比重瓶法》。

13）涂料酸值检测标准：GB/T 6743—2008《塑料用聚酯树脂、色漆和清漆用漆基部分酸值和总酸值的测定》。

2. 涂料施工性能检测标准

1）涂料抗流挂性检测标准：GB/T 9264—2012《色漆和清漆　抗流挂性评定》。

2）涂料遮盖力检测分为黑白格板法和反射率对比法。黑白格板法标准：GB/T 23981.2—2023《色漆和清漆　遮盖力的测定　第2部分：黑白格板法》；反射率对比法标准：GB/T 23981.1—2019《色漆和清漆　遮盖力的测定　第1部分：白色和浅色漆对比率的测定》。

3）涂料干燥时间检测分为表干检测和实干检测。表干检测标准：GB/T 1728—2020《漆膜、腻子膜干燥时间测定法》、GB/T 6753.2—1986《涂料表面干燥试验　小玻璃球法》；实干检测标准：GB/T 1728—2020《漆膜、腻子膜干燥时间测定法》、GB/T 9273—1988《漆膜无印痕试验》。

4）涂膜厚度检测分为干膜厚度检测和湿膜厚度检测。干膜厚度检测标准：GB/T 13452.2—2008《色漆和清漆　漆膜厚度的测定》；湿膜厚度检测标准：GB/T 13452.2—2008《色漆和清漆　漆膜厚度的测定》。

3. 涂膜性能检测标准

1）涂膜制备标准：GB/T 1727—2021《漆膜一般制备法》。

2）涂膜颜色及外观标准：GB/T 9761—2008《色漆和清漆　色漆的目视比色》。

3）涂膜光泽度标准：GB/T 9754—2007《色漆和清漆　不含金属颜料的色漆漆膜的20°、60°和85°镜面光泽的测定》。

4）涂膜雾影标准：GB/T 9754—2007《色漆和清漆　不含金属颜料的色漆漆膜的20°、60°和85°镜面光泽的测定》。

5）涂膜附着力检测分为划圈法、划格法和拉开法。划圈法标准：GB/T 1720—2020《漆膜划圈试验》；划格法标准：GB/T 9286—2021《色漆和清漆　划格试验》；拉开法标准：

GB/T 5210—2006《色漆和清漆　拉开法附着力试验》。

6）涂膜柔韧性检测分为轴棒、圆柱轴弯曲和圆锥轴弯曲。轴棒标准：GB/T 1731—2020《漆膜、腻子膜柔韧性测定法》；圆柱轴弯曲标准：GB/T 6742—2007《色漆和清漆　弯曲试验（圆柱轴）》；圆锥轴弯曲标准：GB/T 11185—2009《色漆和清漆　弯曲试验（锥形轴）》。

7）涂膜杯突试验检测标准：GB/T 9753—2007《色漆和清漆　杯突试验》。

8）涂膜耐冲击性检测分为冲头直径 8mm、冲头直径 20mm 和冲头直径 12.7mm 或 15.9mm 的耐冲击性检测。冲头直径 8mm 的耐冲击性检测标准：GB/T 1732—2020《漆膜耐冲击测定法》；冲头直径 20mm 的耐冲击性检测标准：GB/T 20624.1—2006《色漆和清漆　快速变形（耐冲击性）试验　第 1 部分：落锤试验（大面积冲头）》；冲头直径 12.7mm 或 15.9mm 的耐冲击性检测标准：GB/T 20624.2—2006《色漆和清漆　快速变形（耐冲击性）试验　第 2 部分：落锤试验（小面积冲头）》。

9）涂膜硬度检测分为铅笔硬度和摆杆硬度。铅笔硬度标准：GB/T 6739—2022《色漆和清漆　铅笔法测定漆膜硬度》；摆杆硬度标准：GB/T 1730—2007《色漆和清漆　摆杆阻尼试验》。

10）涂膜耐磨性检测标准：GB/T 1768—2006《色漆和清漆　耐磨性的测定　旋转橡胶砂轮法》。

11）涂膜耐洗刷性检测标准：GB/T 9266—2009《建筑涂料 涂层耐洗刷性的测定》。

12）涂膜打磨性检测标准：GB/T 1770—2008《涂膜、腻子膜打磨性测定法》。

13）涂膜耐水性检测标准：GB/T 1733—1993《漆膜耐水性测定法》。

14）涂膜耐热性检测标准：GB/T 1735—2009《色漆和清漆　耐热性的测定》。

15）涂膜耐湿热性检测标准：GB/T 1740—2007《漆膜耐湿热测定法》。

16）涂膜耐化学品性检测标准：GB/T 9274—1988《色漆和清漆　耐液体介质的测定》。

17）涂膜耐盐雾性检测标准：GB/T 1771—2007《色漆和清漆　耐中性盐雾性能的测定》。

18）涂膜耐候性检测标准：GB/T 9276—1996《涂层自然气候曝露试验方法》、GB/T 1865—2009《色漆和清漆　人工气候老化和人工辐射曝露　滤过的氙弧辐射》。

2.2　涂料检测取样

涂料产品的检测取样非常重要，是检测工作的第一步，检测结果要具有代表性，其结果的可靠性与取样的正确与否有一定的关系。涂料产品的取样用于检测涂料产品本身以及所制成的涂膜。取样的目的是得到适当数量的品质一致的检测样品。

GB/T 3186—2006《色漆、清漆和色漆与清漆用原材料　取样》规定了具体的取样方法，取样后由检测部门进行检测。该标准中规定了色漆、清漆和色漆与清漆用原材料的几种人工取样方法，这些产品包括液体以及加热能液化却不发生化学变化的物料，也包括粉状、粒状和膏状物料；可以从罐、柱状桶、贮槽、集装箱、槽车或槽船中取样，也可以从鼓状桶、袋、大包、贮仓、贮仓车或传送带上取样。

1. 取样器

取样器的选择取决于被取物料的类型、聚集状态、容器的类型、容器被填装的程度、物料对健康和安全的危害性，以及所需样品的多少。对样品取样器的一般要求为易于操作、易于清洗（表面光滑）、易购、与被取物料不发生化学反应。主要采用不锈钢、黄铜、玻璃制品，并应有光滑表面，无尖锐的内角或凹槽等。

取样器包括取样勺、液体取样管（又分为同心取样管、单管取样管、阀门取样管）、取样瓶（取样罐）、底部（区域）取样器、调刀（适用于膏状物料）、铲（主要用于粒状或粉末状固体物料）、支管（适用于从贮槽、槽车或管道中取样）。

2. 装样容器

带有螺旋盖的罐、瓶、桶或塑料袋均适用于贮存单一样品和参考样品，装样容器及盖子应选用能使样品不受光的影响并且没有物料能从容器中逸出或进入容器的材料。

1）金属容器应配有密封的金属盖，且不应有焊料，内部一般不涂色漆和清漆。内部涂漆的容器对许多水性产品是适用的。

2）玻璃容器应配有密封盖，且不受样品的影响。深色玻璃能部分防止光的作用，如需要，可在容器的外部用不透明材料覆盖或包裹，以进一步遮护样品。

3）镀锌和铝质容器不应盛放醇类物料。

3. 涂料取样的一般要求

1）取样要求对所测试的产品具有足够的代表性，样品的取样、标识和贮存，以及相关文件的制定应由有经验的人员进行。取样前应选择适宜类型和规格的洁净取样器具，并了解相关的健康和安全法规，以尽可能减少有害物质的释放。

2）选择取样的方法应考虑被取物料的物理和化学特性，如光敏性和氧化性、发生表面反应（形成结皮）的趋势及吸湿性、生理特性和毒性。

3）制定取得代表性样品方案的前提是采用符合质量检测和质量管理要求的程序，同时又要被有关各方认可。

4）样品（包括参考样品）的贮存应符合质量管理的有关标识、可追溯性和贮存期的要求。

5）对特别敏感的物料，应提供贮存条件的说明书，以确保样品特别是参考样品在整个贮存期的质量。

6）有关取样的健康和安全信息参见 GB/T 3723—1999。

4. 取样程序

样品的最少量应为 2kg 或完成规定试验所需量的 3～4 倍。被取样容器的最低件数见表 2-2。

（1）取样前的检查　取样前，应检查物料、容器和取样点有无异常现象。

（2）均匀性的检查　取样时应检查物料均匀性。

1）均匀物料：对于均匀物料，取单一样品就足够了。

2）不均匀物料：不均匀物料可分为暂时性和永久性两种类型。

① 暂时性的不均匀物料，在取样前搅拌或加热这类物料可使其成为均匀物料。

② 永久性的不均匀物料，这类物料既不互混也不互溶，此时应决定是否取样以及取样的目的。

（3）取样　对液体、固体、膏状等状态样品或从各类大容器、小容器中取样品，应在取样时选择相应的取样器取得样品（详见 GB/T 3723—1999）。

（4）样品量的缩减　将按合适方法取得的全部样品充分混合。对于液体，在清洁、干燥的容器中混合，尽快取出至少 3 份均匀的样品，每份样品至少 400mL 或完成规定试验所需样品量的 3~4 倍，然后将样品装入要求的容器中；对于固体，用旋转分样器将全部样品分成四等份。取出 3 份，每份各为 500g 或完成规定试验所需样品量的 3~4 倍，然后将样品装入要求的容器中。

表 2-2　被取样容器的最低件数

容器的总数/个	被取样容器的最低件数/件
1~2	全部
3~8	2
9~25	3
26~100	5
101~500	8
501~1000	13
N	$\sqrt{\frac{N}{2}}$

2.3　涂料试样检查和制备

待试产品的样品已按 GB/T 3186—2006 的规定取得后，需要进入实验室对试样进行初步的检查和制备。涂料试样的检查与制备所执行的标准为 GB/T 20777—2006《色漆和清漆　试样的检查和制备》，是关于色漆、清漆及相关产品的取样和试验的系列标准之一。该标准规定了对收到的用于试验的单一样品进行初检的程序，以及对某一交付批或大批量的色漆、清漆或相关产品的一系列有代表性的样品通过混合和缩减来制备试样的程序。

1. 相关标准

1）GB/T 6005—2008《试验筛　金属丝编织网、穿孔板和电成型薄板　筛孔的基本尺寸》。

2）GB/T 3186—2006《色漆、清漆和色漆与清漆用原材料　取样》。

2. 样品容器

（1）容器的状况　记录样品容器的任何缺陷或可见的渗漏。如果容器内的样品可能已受到影响，该样品应予舍弃。

（2）容器的开启注意事项　某些色漆、清漆和相关产品（如脱漆剂）在贮存期间容易产生气体或蒸气压力，开启容器时应注意此种情况，若发现容器的盖和底部已鼓起时更应特别注意。出现这样的现象，应在报告中注明。

（3）容器的开启　从容器的外表面，特别是盖的周围，除去所有的包装材料和其他杂物，小心地打开容器，务必不要扰动容器内的样品。

3. 流体样品的初检程序

（1）清漆、乳液、稀释剂等初检程序　目视检查样品，记录样品状态，依据目测检查情况对样品进行混合。

1）目视检查，观察清漆、乳液、稀释剂等在容器中状态，是否出现下列现象。

① 缺量：记录大致的缺量，即在容器内样品上部的空间，以容器总容积的百分数表示。

② 表面结皮：记录任何表面结皮现象及其程度，即结皮是否是连续的、硬的、软的，结皮厚度是薄的、中等的或很厚的（如果观察到样品有结皮，最好是舍弃该样品；如果不能舍弃该样品，则应尽可能完全地使结皮与容器壁分离并除去。如有必要，可通过过滤除去结皮），记录除去结皮的难易程度；对于有结皮存在的样品，当需要分析控制时，应将结皮分散在试样中。

③ 稠度：记录样品是否为触变性的或是否已发生胶凝，务必不要混淆胶凝和触变性（注：触变性的和已胶凝的清漆两者都呈现胶冻状的稠度，但是触变性清漆通过搅拌或振摇，其稠度会明显降低，而胶凝清漆的稠度则不能用这种方法降低）。

④ 分层：记录样品的任何分层现象，如有水和油状物或树脂状物质析出。

⑤ 可见杂质：如有任何可见杂质，记录它们的存在情况，如有可能应将其除去。

⑥ 沉淀物：如有任何可觉察的沉淀物，记录其存在情况和外观。

⑦ 透明度及颜色：对清漆、稀释剂、催化剂溶液等，应记录样品的透明度和颜色。

2）样品混合，目测检查后充分搅拌样品，并使任何轻微的沉淀物与之混合为一体。

（2）色类流体样品的初检程序　目视检查样品，记录样品状态，依据目测检查情况对样品进行混合。

1）目视检查，观察色类流体在容器中状态，是否出现下列现象。

① 缺量：记录大致的缺量，即在容器内样品上部的空间，以容器总容积的百分数来表示。

② 表面结皮：记录任何表面结皮现象及其程度，即结皮是否是连续的、硬的、软的，结皮厚度是薄的、中等的或很厚的（如果观察到样品有结皮，最好将该样品舍弃；如果不能舍弃该样品，则应尽可能完全地使结皮与容壁分离并除去。如有必要，可通过过滤除去结皮），记录除去结皮的难易程度；对于有结皮存在的样品，当需要分析控制时，应将结皮分散在试样中。

③ 稠度：记录样品是否为触变性的或是否已发生胶凝，务必不要混淆胶凝和触变性（注：触变性的和已胶凝的色漆两者都呈现胶冻状的稠度，但是触变性通过搅拌或振摇，其稠度会明显降低，而胶凝色漆的稠度则不能用这种方法降低）。

④ 分层：记录样品的任何分层现象。

⑤ 沉淀：记录沉淀的类型，如软的、硬的或干硬的。如果沉淀是硬的，并且用干净的调漆刀切沉淀团块时是易碎的和看起来是干的，则把该沉淀称为“干硬”。

⑥ 外来异物：记录色漆中任何外来异物的存在情况，并尽可能仔细地将其除去。

2）样品混合，目测检查后对样品搅拌，应注意以下事项。

① 局限性：已胶凝或有干硬沉淀的样品不能再有效地混合为一体，因此不能用于试验。

② 通则：操作期间，务必确保溶剂的损失为最小。为此，所有的操作应在符合充分混合的前提下尽快地进行。

③ 结皮的除去：如果初始的样品有结皮，则依靠样品的自身重力，让混合好的样品通过一个符合 GB/T 6005—2008 规定的筛网，分离并除去任何残渣。除非另有规定，筛网的公称孔径为 125μm。

④ 未产生硬沉淀的样品：即使没有可觉察的沉淀，也应充分混合样品（注 1：如样品量很少，用调漆刀即可混合，但对于较多的样品则需要一个较强力的搅拌器，盖紧容器盖并充分振摇容器中的样品，颠倒容器再进行振摇，以此方式交替搅拌样品和振摇容器，直至容器内的样品完全均匀为止。注 2：作为另一种方法，建议把容器中的产品倒入一干净的容器中，再倒回来，反复几次，使之完全混合均匀。在处理样品的整个过程中，应尽可能避免带入空气，样品在使用前应无空气泡）。

⑤ 产生硬沉淀的样品：如果要求对已产生硬沉淀（但不是干硬沉淀）的样品进行检查时，则将全部流体漆料倒入一干净的容器中，用调漆刀从原容器底部铲起沉淀的颜料并充分混合，当稠度均匀时，再把流体漆料倒回原来的容器中，每次倒一小部分，仔细地混合后，再倒下一次漆料。通过从一个容器倒回另一个容器，多次反复来完成再混合（注：样品在使用前不应有空气泡）。

4. 腻子、厚浆涂料类黏稠样品的初检程序

腻子、厚浆涂料类黏稠样品的检查，通常按第 4 章对色漆规定的程序进行。

注：当为了确保样品的均匀性需要进行混合时，要求用一种小型的强功率混合器。

5. 粉末状样品的初检程序

粉末状样品通常不需要特殊的检查程序，但应记录异常的特征，如反常的颜色、大或硬的结块、存在的杂质等。

6. 系列样品的混合和缩减

（1）通则　对从均匀的产品中取得的一系列样品，既可以分别进行试验，也可按下述规定将其混合，得到缩减的样品。

（2）流体样品（A 型、B 型或 C 型）　按第 3 章和第 4 章中的规定充分地混合每个样品后，将样品倒入或用其他的方式转移到一个大小适当的清洁干燥容器中，采用搅拌、振摇等方法充分混合样品。当混合过的样品变为均匀样品时，按 GB/T 3186—2006 的规定抽取一个缩减的样品，将缩减的样品放到一个或几个清洁干燥的容器中，允许有 5% 的缺量，然后盖紧盖子，贴上标签。如有必要可密封容器。

（3）黏稠样品（D 型）　对于黏稠样品，不可能规定任何一种普遍适用的程序，应根据样品的特点分别对待，应考虑所需机械设备是否易购、混合黏稠样品的难易程度及挥发性组分损失的可能性等。

（4）粉末状样品　将各个容器中的样品全部倒入一个大小适当的清洁干燥容器中充分

混合。通过手工或采用旋转分样器（格槽分样器）的四分取样法将样品缩减到适当的数量（1~2kg），然后将缩减的样品放到一个或几个清洁干燥的容器中，盖紧盖子并贴好标签，如有必要可密封容器。

7. 样品容器的标识

样品容器的标签上应注明下列内容。

1）生产厂家名称和产品说明。

2）生产日期。

3）发货人。

4）交付批的数量及其他细节。

5）取样地点日期及取样者姓名。

6）从其中取一种或多种样品的生产批、贮槽、桶等的编号。

7）混合日期和混合者姓名。

8）注明本标准编号（GB/T 20777—2006）如果样品需要发送到另一个实验室，则随样品另寄送一份和标签内容相同的详细交货记录，如果需要（如接收样品的实验室需要），还应附上一份初检报告。

8. 初检报告

初检报告至少应包括下列内容。

1）与标签内容相同的样品说明。

2）注明本标准编号（GB/T 20777—2006）。

3）样品的外观、透明度等。

4）观察到的结皮情况以及采取的过滤程序（如有结皮）。

5）观察到的沉淀情况以及采取的混合和再混合程序（如有沉淀）。

6）其他初检程序的观察结果。

2.4　涂料检测用标准试板

对于许多在色漆、清漆领域最广泛使用的试验方法而言，所使用试板（底板）的种类以及处理试板所用的特定方法都可能在很大程度上影响试验结果。因此，对试板以及涂漆前试板的处理方法都尽可能详细地进行标准化是很重要的。GB/T 9271—2008《色漆和清漆　标准试板》规定了几种不同类型的标准试板，并规定了涂漆前的处理方法，这些标准试板用于色漆、清漆及有关产品的通用试验方法中。

1. 相关标准

下列文件中的条款通过 GB/T 9271—2008 的引用而成为该标准的条款。凡是注日期的引用文件，其随后所有的修改单（不包括勘误的内容）或修订版均不适用于 GB/T 9271—2008，不过，鼓励根据该标准达成协议的各方研究是否可使用这些文件的最新版本。凡是不注日期的引用文件，其最新版本适用于该标准。

1）GB/T 700—2006《碳素结构钢》（ISO 630：1995，NEQ）。

2）GB/T 2520—2000《冷轧电镀锡薄钢板》（ISO 11949：1995，EQV）（注：该标准最新版本为 GB/T 2520—2017）。

3）GB/T 3880.1—2006《一般工业用铝及铝合金板、带材　第 1 部分：一般要求》（注：该标准最新版本为 GB/T 3880.1—2012）。

4）GB/T 12626.2—1990《硬质纤维板　技术要求》（ISO 2695：1976，NEQ）（注：该标准最新版本为 GB/T 12626.2—2009）。

5）JC/T 412.1—2006《纤维水泥平板　第 1 部分：无石棉纤维水泥平板》（注：该标准最新版本为 JC/T 412.1—2018）。

6）ISO 10546：1993《化学转化膜——铝和铝合金上的淋洗型和非淋洗型铬酸盐转化膜》（注：该标准已废止）。

2. 标准试板

GB/T 9271—2008 中规定了以下几种的标准试板。

（1）钢板　拟用于通用试验的钢板（相对于特殊施工和用途进行试验所需的钢板而言）应是由平整的低碳钢板或钢条裁剪而成。钢板应无锈、无划痕、无污点、未变色和没有其他表面缺陷。钢板的尺寸应按试验方法中的规定或另行商定。除非另有商定，钢板可采用 GB/T 700—2006 规定的牌号为 Q195 或 Q215 的冷轧钢板；或者采用抗拉强度不小于 270MPa、断后伸长率不小于 31%要求的冷轧钢板。

（2）马口铁板　该试板应是表面质量为Ⅰ级的马口铁板，符合 GB/T 2520—2017 的要求。公称厚度为 0.20~0.30mm，硬度值 T52（双面均匀镀锡）。需要时，可以在试验报告中记录所用马口铁板的主要技术参数。

（3）镀锌板　该试板是镀锌或锌合金的冷轧碳钢板。锌或锌合金镀层的特殊类型、板的厚度和尺寸应经双方商定。

（4）铝板　用于通用试验的铝合金板应是符合 GB/T 3880.1—2006 规定的铝板或铝带。需要时，铝合金板的型号应在试验报告中注明。硬度应符合特定试验方法的要求。试板的厚度和其他尺寸应符合试验方法中的规定或另行商定。铝板（带）要求：宽 20mm，长度适当，按较长轴沿着铝板（带）的轧制方向上进行切制的试件，并且试件的两个长边沿长度方向被仔细地打磨圆滑。对于软铝，当试件绕自身弯曲 180°时，不应出现裂纹；对于硬铝，当试件绕半径等于受试铝板（带）厚度的圆柱模型弯曲 180°时，不应出现裂纹。

（5）玻璃板　试板应是平板玻璃或抛光的浮法玻璃。试板的厚度及其他尺寸应按试验方法的规定或另行商定。

（6）硬质纤维板　纤维组合板是由木质纤维素纤维凭借其原有的黏结力制成的板材，这种原有黏结力来自于纤维的缩绒性及其固有的粘接性能。这种板材的强度可以通过使用黏结剂或添加剂来增加。根据分类，硬质纤维板的密度大于 0.80g/cm^3。应符合 GB/T 12626.2—1990 的要求。

（7）纸面石膏板　纸面石膏板是一种建筑板材，它是由一层固化的石膏泥（$CaSO_4 \cdot 2H_2O$）作为中间层，其外面的两面与厚纸板粘接而成。这种中间层可以是固体状石膏，也可以是蜂窝状石膏，而且可以含有少量纤维。板材的厚度大约为 10mm。这种板材的一个纸面是设计成可用于直接装饰，而不必先用石膏泥打底。这个面应该用于测试涂料或有关产品。放在直射日光下，涂覆了某些类型涂料的纸面可能会有褪色或“渗色”现象。

（8）纤维补强水泥板　试板采用无石棉纤维水泥平板，应符合 JC/T 412.1—2006 中 NAF H V 级的要求。试板的厚度及其他尺寸应按试验方法的规定或另行商定。

3. 试板选择

在一个标准中要包括涂料测试需要的所有试板的类型及处理方法是不可能的，在选择 GB/T 9271—2008 中规定的试板和其处理方法，有以下三种不同情况。

1）第一种情况是色漆、清漆或其他产品要进行与某一特定的工业应用相关的测试，这种试验最为方便的是在与相关的实际工业应用非常一致的试板或底材（选用的材料，清洗操作及随后的表面处理，如喷砂或化学预处理）上进行。在这种情况下，有关板材选用仅需说明以下情况：①有关双方应预先在底材材料和处理底材所用的方法方面取得一致意见；②应在试验报告中说明上述情况。

2）第二种情况是为了试验的进行，该试验方法要求使用一种专门为本试验处理的专用试板，如测试光泽要求用一种光学平面试板。在这种情况下，对试板及其处理方法的详细规定应在有关的试验方法中加以说明。

3）第三种情况不同于上述两种情况。在这种情况下，产品需要在商定的具有良好再现性的表面上测试。所用的材料最后通常是可达到质量标准并且可以很方便地清洗或进行其他方式处理的，以便提供一种稳定一致的表面。这种表面可以不必是产品实际施涂时用的表面种类。

GB/T 9271—2008 针对的是第三种情况，它制定了被认为具有再现性的试板处理方法。

4. 试板的处理方法

（1）钢板　钢板试板在处理前应存放在无腐蚀的环境中，合适的方法有：将试板包裹在经气相防锈剂处理过的纸中或将试板以适当的方式存放在无添加剂的轻质中性矿物油或烃类溶剂中以防止锈蚀。

注：例如将整个试板浸入油内或用油涂抹后再用油浸过的纸将每块试板分别包裹。另一种存放方法是将试板存放在装有某种有效干燥剂（如硅胶）的干燥器中。

1）用溶剂清洗处理试板：先擦去试板上过多的油，然后用适宜的溶剂彻底洗涤试板以除去全部油迹。

注：可以使用挥发性较快的溶剂，只要其既无酸性又无碱性且能避免毒性危害。

应确保在清洗过程中将清洗布留下的任何细小纤维清除干净，并按规定的时间间隔更换清洗布，以避免油污再次分布到试板上，不要污染清洗过的试板。清洗干净的试板按下述方式干燥：让洗涤溶剂挥发；用干净的亚麻布轻轻擦干，或用热空气流吹干试板；如果需要的话，可很轻微的加热试板以除去微量的凝结水痕。

如果处理大量的试板，则每处理 20 块试板就要仔细地检查清洁度。检查清洁度的一种推荐性方法：用干净的白纸巾擦拭试板，如果纸巾上无污点，则认为清洗操作是符合要求的。如果检查到试板上还有污点，则应将自上次擦拭试验后的全部试板重新进行清洗。

如果清洁干净的试板不能马上涂漆，应存放于干燥洁净的环境中（如装有有效干燥剂的干燥器中），直到使用为止；也可以将试板包裹在经气相防锈剂处理过的纸中。

2）用水性清洗剂清洗处理试板（喷淋或浸泡操作）：用一种可购买得到的水性碱性消洗剂清洗试板。建议使用喷淋操作，也可采用浸泡操作，并按照清洗剂生产商的要求调节清洗剂的浓度和温度。

用喷淋方法进行清洗的步骤：①清洗试板的每一面，时间不少于10s，按照清洗剂生产商的要求调节清洗剂的温度和喷淋压力；②用自来水冲洗试板的每一面，采取措施确保冲洗过程中的水无明显污染，将干净的自来水放入储水池中，然后使水从水池中连续或间歇地溢流出来可以达到要求；③用电导率不超过20μS/cm的去离子水冲洗试板的每一面；④冲洗完毕后，立即将试板放入烘箱或热空气流中进行强制干燥（如果处理大批量的试板，应周期性地仔细检查试板的清洁度。除了按规定的方法用干净的白纸巾擦拭试板，对用水性清洗剂清洗的试板还可进行水珠试验。洁净的试板表面不会悬挂水珠。将试板在蒸馏水或去离子水中浸泡片刻，取出试板，清洗干净的试板表面将形成连续的未破损的水膜，而不会收缩成不连续的水滴或水珠）。

3）打磨法处理。处理总则：有些试验涂漆需要在比用机器滚轧的钢板更均匀一致的、结果更具再现性的表面上进行。在这种情况下必须通过机械打磨清除表面的不平整性及表面污物。为确保彻底地清除污物和表面不平整性，必须完整除去原始表面层。需要除去的表面层的量在某种程度上取决于最初的表面粗糙度，但一般情下不应少于0.7μm，这点可以用试板质量的减少量来确定（每单位面积的质量损失为5~6g/m^{2}时，则近似等于0.7μm的厚度减少量）。在打磨之前，按规定的方法清洗每一块试板。除非另有商定，否则按下列规定清除表面层（注：经事先商定，矿物溶剂也可用作打磨操作的润滑剂）。

① 手工打磨：用400号水砂纸进行手工打磨操作，手工打磨合适的操作顺序如下，首先在试板上以平行于任意一边的方向平直均匀地打磨；然后以垂直于第一次打磨的方向打磨至原来的磨痕被磨掉为止；最后以直径为80~100mm的圆周运动方式打磨，直到产生的磨痕只是相互重叠的圆为止。

② 圆形机械打磨：在机械装置上用400号水砂纸进行机械打磨操作。当采用该方法时，以直径约为80~100mm的圆周运动方式打磨试板。当看不见原始表面的痕迹或任何不平处时，则认为打磨操作已成。

③ 直线形打磨：要用将砂带固定在垂直打磨头上的传输系统进行打磨除去原始表面层，得到线性打磨面。用砂带打磨表面，除去表面污物，并提供一个比典型的滚轧表面更加均匀、可具再现性的表面。打磨过的试板的表面粗糙度（Ra）应在0.50~1.14μm。P100氧化铝砂带适用于本操作。

④ 检查和清洗：检查打磨过的试板，以确保原始表面层被完全除去。按照规定的方法彻底清洗打磨好的试板，以保证除去任何疏松砂粒、钢屑及其他污物。不要弄脏清洗好的试板。如果不能马上涂漆，应将清洁过的试板存放于干燥洁净的环境中（如装有有效干燥剂的干燥器中），直到使用为止；也可以将试板包裹在经气相防锈剂浸润过的纸中。

4）磷化处理试板。磷化处理总则：作为有专利权的化合物或工艺，磷酸转化膜可以从许多来源获得，可采用喷淋或浸渍施工。按生产商说明进行磷化处理。试板的处理可由清洗、淋洗及磷化处理前的表面状态调节中的一步或多步组成。在磷化处理后通常还要进行另外的淋洗。如果要使用磷化处理试板，可用下列处理方法之一获得。

① 结晶磷酸锌处理：该转化膜处理法是将钢表面与含有氧化剂和催化盐的酸式磷酸锌溶液反应。钢表面转化成结晶磷酸盐转化膜，该转化膜能抑制腐蚀并增加后面涂敷的涂膜的附着力和耐久性。可采用喷淋、浸渍或用软刷或尼龙刷刷涂处理。溶液的温度和浓度及与之接触的时间随处理的方法不同而不同，并应根据化学试剂生产商的建议来维持规定的值。磷酸锌转化膜的颜色范围通常从灰色到灰白色。

② 无定形磷酸铁处理：该转化膜法是将钢表面与含有氧化剂和催化盐的酸式磷酸盐溶液反应。钢表面转化生成无定形磷酸铁转化膜，该转化膜能提高后面涂敷涂层的附着力，但抑制腐蚀的作用低于结晶磷酸锌转化膜。可采用喷淋、浸泡法处理。溶液的温度和浓度及与之接触的时间随处理的方法不同而不同，并应根据化学试剂生产商的建议来维持规定的值。磷酸铁转化膜的颜色范围通常从黄蓝色至紫色。

5）喷射清理法处理：在喷射清理前，用溶剂清洗处理试板或用水性清洗剂清洗处理试板规定的方法清洗试板。喷射清理法处理钢板的一般指导性说明参见 GB/T 9271—2008 的附录 A。

（2）马口铁板　马口铁板存放时，不必像存放裸露的钢板那样需要特别保护，但试板的表面可能会由于加工中使用了润滑剂而被沾污。因此试板在使用前应采用规定的方法进行处理。

1）用溶剂或水性清洗剂清洗处理试板：虽然溶剂清洗和水性清洗剂清洗不能除去镀锡处理后的全部有机物，但已发现这种残余物对试验结果的精密度影响不大。建议试板在使用前采用同上述钢板用溶剂或水性清洗剂清洗处理试板的方法即可。

2）打磨法处理试板：如果要求使用比溶剂清洗或水性清洗剂清洗处理后的试板更均匀的试验表面，建议用上述打磨法处理马口铁板，这种打磨操作同钢板那样进行，不同之处是打磨动作应轻得多，以免将砂粉嵌入表面，并应避免在任何一处磨掉全部镀锡层。因此建议采用优质细砂纸，如 500 号的水砂纸。打磨操作要进行至试板的整个表面布满一个个相互叠加的打磨圆圈痕迹，而原始表面的模样用肉眼已看不见为止。使用前要按照规定的方法将打磨过的试板彻底清洗干净，以保证除去所有疏松的砂粒、锡屑及其他污染物，不要弄脏已清洗好的试板。如果不能马上涂漆，应将清洁过的试板存放于干燥洁净的环境中（如装有有效干燥剂的干燥器中）；也可以将试板包裹在经气相防锈剂处理过的纸中，直到使用为止。

（3）镀锌及锌合金板　为防止贮存过程中镀锌表面的湿贮存锈蚀（或白锈），在工厂将这种板涂上通常以重铬酸钠溶液形式存在的钝化处理剂。钝化处理膜如果不除去，会影响后面涂敷涂层的附着力。为获得未钝化的镀锌钢板，通常需要从工厂专门订购。如果这样做不可行，可按规定用打磨法除去钝化处理膜。

1）溶剂清洗法处理：如果需要使用干净的试板但不需要进一步处理，可按上述钢板中规定的溶剂清洗法进行处理。

2）水性清洗剂清洗处理：如果需要使用干净的试板但不需要进一步处理，可按上述钢板中规定的水性清洗剂清洗方法进行清洗。通常在清洗镀锌钢板时，清洗剂的浓度及温度应低些，接触时间应短些。因高浓度碱性清洗剂会侵蚀镀锌层，所以用来清洗镀锌钢板的碱性溶液的 pH 值应介于 11~12，不能超过 13。

3）化学处理法处理试板。处理总则：如果要求使用经过化学处理的试板，可用下述方法之一处理试板。

① 结晶磷酸锌处理：该转化膜法是将锌表面与含有氧化剂和催化盐的酸式磷酸锌溶液反应，锌表面转化成结晶磷酸盐转化膜，该转化膜能抑制腐蚀并增加后面涂敷涂膜的附着力和耐久性。可采用喷淋、浸渍或用软刷或尼龙刷刷涂。

② 铬酸盐处理：这种处理是由采用有专利权的含三氧化铬、其他酸及合适催化剂的稀溶液进行的浸渍或喷淋处理组成。这种处理会在表面形成一层薄薄的无定形铬酸盐转化膜，该转化膜能提高耐蚀性和涂膜的附着力。这种转化膜与采用钝化处理得到的膜不同。

③ 水性有机铬处理：某些水溶性树脂，当与含铬化合物正确配置后，可采用滚涂或其他方式（如浸涂或用橡皮辊子滚涂的方式）涂敷至锌表面。该操作能在较宽的温度范围内进行，只要涂层能按待涂的涂料体系的要求进行正确烘烤或固化或两者兼有。形成的涂层是一种耐蚀性高的膜，能提高随后涂敷涂膜的附着力。

警告：三氧化铬被归为致癌物（参见欧盟导则 67/548/EEC），并可能因吸入而致癌。以浸泡溶液或喷淋方式使用三氧化铬时对工作人员会造成危害。因此使用时要采取合适的安全措施，最好采用替代方法或替代物。

（4）铝板　用于特殊规定检测。

1）溶剂清洗法处理试板：当需要使用干净的试板，且无须进行另外处理时，可按上述钢板中规定的溶剂清洗法进行处理。

2）水性清洗剂清洗处理试板：当需要使用干净的试板，且无须进行另外处理时，可按上述钢板中规定的水性清洗剂清洗法进行处理。一般情况下，在清洗铝板时清洗剂浓度及温度均较低，清洗时间较短。另外，因为有些碱性清洗剂会腐蚀铝板，所示在清洗铝板时应确保所选用的碱性清洗剂对铝板是安全的。当处理用于通用试验的铝板时，不应使用有腐蚀性的碱性清洗剂。应向清洗剂生产厂商请教其产品是否能安全用于铝板，以及在何温度、何浓度下可以安全使用。用该方法清洗过的铝板上应无断的水珠。可以通过瞬间将铝板浸入蒸馏水或去离子水中来测定，当取出铝板时，铝板表面应形成完整的水膜，而不是收缩成不连续的水滴或水珠。

3）打磨法处理试板：当试板需要打磨时，将磨料放在布垫上，且磨料应是由符合表 2-3 要求的煅烧氧化铝粉末组成。

表 2-3　打磨试板所需磨料的粒径

粒径	质量分数
超过 63μm 的粒子	最多为 10%
小于 20μm 的粒子	至少为 70%
小于 10μm 的粒子	至少为 60%

打磨操作的顺序应按上述钢板中手工打磨的规定，但磨料应用矿物溶剂（如石油溶剂）

润湿，用软布垫或其他适宜材料的垫沾上磨料，在试板表面上打磨。

打磨操作应进行到试板的整个表面都被一个个重叠的圆圈磨痕布满，而且原始表面图案用肉眼已看不见为止。

使用前按照上述钢板中溶剂清洗处理试板规定的方法将打磨好的试板彻底清洗一遍，以保证所有疏松的砂粒、铝粉和其他污物都被除掉。不要弄脏已清洗好的试板（注：铝板处理后应立即涂漆）。

4）用铬酸盐转化膜处理试板：用铬酸盐转化膜处理用于通用试验的铝板或铝合金板。

按铝板溶剂清洗或水性清洗剂清洗试板，铬酸盐转化膜用可从市场上购得的预处理剂化学配方来获得。用来配制铬酸盐溶液的水至少应符合GB/T 6682—2008中三级水的要求。经过漂洗和未经漂洗的铬酸盐转化膜均可使用。根据化学试剂厂商的建议，可以采用喷淋、浸渍或滚涂方式制备转化膜。溶液的温度、浓度和接触时间随处理的方法不同而改变。这些参数也可参照厂商的建议保持。

转化膜的颜色范围从透明到金色。除非另有规定，否则单位面积膜质量应在0.1~1.3g/m^2。转化膜应有很好的黏合性而非呈粉状，表面最好应平整一致，没有污点和空隙（注：试板经过铬酸盐转化处理后应尽快涂漆）。

5）非铬酸盐转化膜法处理试板：由于环境方面对处理含铬化合物的限制，已研制了一些替代的非铬酸盐转化膜。有许多不同的工艺，最常见的是基于锆/钛盐，硅烷和水性聚合物溶液。

按铝板溶剂清洗或水性清洗剂清洗的规定清洗试板。非铬酸盐转化膜用可从市场上购得的预处理剂化学配方获得。用来配制预处理剂溶液的水的电导率不超过20μS/cm。根据化学试剂厂商的建议，可以采用喷淋、浸渍或滚涂方式制备转化膜。溶液的温度、浓度和接触时间可以随处理方法的不同而改变；也可按生产厂商的说明来维持这些参数。除非另有规定，否则单位面积膜质量应在5~150mg/m^2。转化膜应有很好的黏合性而无粉状沉积物，表面最好应平整一致，没有污点和空隙（注：试板经过转化处理后应尽快涂漆）。

6）用酸式铬酸盐法处理试板：如果用酸式铬酸盐法处理通用试验用铝板（相对于特殊用途所需的铝板），建议采用以下操作。

① 将约100g的分析纯级重铬酸钾或重铬酸钠溶于1000mL水中，水的导电率不超过20μS/cm。一边搅拌，一遍慢慢再加入170mL分析纯硫酸（$\rho\approx1.84g/mL$）。

② 使用时，可采用添加电导率不超过20μS/cm的水的方法来保持溶液的体积不变。

③ 溶液中的铬酸含量不应低于30g/L，如有必要，可采用添加适量的硫酸和重铬酸钾或重铬酸钠的方法来再制备溶液。

④ 当溶液冷却到室温时，有固体物质开始析出，或铝板开始出现凹坑现象，无论哪种情况先出现，都应倒弃该溶液。

⑤ 将试板按铝板溶剂清洗或水性清洗剂清洗干净，然后浸入装在玻璃或聚苯乙烯容器内的温度（55±5）℃的酸式型铬酸溶液中20min。

⑥ 将试板从溶液中取出，尽快地先用冷水再用温度为（60±2）℃的温水且电导率均不超过20μS/cm的水彻底清洗试板30~40s。在室温下或最好在一个通风良好的（70±2）℃烘

箱中使试板干燥。

注：试板经过酸式铬酸盐处理后应尽快涂漆，如果有可能，最好在当天涂漆。

（5）玻璃板　玻璃板的处理方法如下。

1）溶剂清洗法处理试板：在使用的当天按上述钢板中规定的溶剂清洗法进行试板清洗。

2）清洗剂清洗法处理试板：在温热的非离子型清洗剂的水溶液中彻底清洗试板，然后用温热的电导率不超过 20μS/cm 的水彻底淋洗。通过使淋洗的水从试板表面蒸发掉而使清洁的试板干燥。如需要，可轻微加热试板以除去最后的水迹，注意不要弄脏干净的试板。

（6）硬质纤维板　将板材切割成需要尺寸的试板。用干布将每一块试板的两面及边缘的灰尘擦去，存放在温度为（23±2）℃及相对湿度为（50±5）%的空气流通的环境下不少于三周。硬质纤维板的水分含量应为（6±2）%（质量分数）。注意不要弄脏干净的试板，应选择光滑的一面进行涂料或有关产品的测试。

（7）纸面石膏板　在干燥条件下，将纸面石膏板切割成所需尺寸的试板。用合适的胶带将试板的边缘封闭，用干布擦去板上的灰尘，存放在无直射日光、温度为（23±2）℃及相对湿度为（50±5）%的空气流通的环境下不少于三周。注意不要弄脏干净的试板，将所有试板的灰尘擦去后应立即投入使用。

（8）纤维补强水泥板　将板材切割成需要尺寸的试板。清除表面浮灰，经浸水使试板 pH 值小于 10，并用 200 号水砂纸将表面打磨平整，清洗干净后，存放在温度为（23±2）℃及相对湿度为（50±5）%的空气流通的环境下至少一周。

第3章

涂料施工前性能检测

3.1 涂料检测样品的状态调节

状态调节是指在试验前将试样和试件置于有关温度和湿度的规定条件下，并使它们在此处境中保持预定试件的整个操作。状态调节可在实验室中进行，也可在称为“状态调节箱”的专用箱中或试验箱中进行。具体选择取决于试样或试件的性质及试验本身的情况。例如，若试样或试件的性能在试验期间变化不明显，就不必严格控制试验环境。

状态调节环境即涂料原液或涂料试板在受试之前所保持的环境。它是以温度和相对湿度两个参数或其中一个参数的规定值为特征，参数值在规定的时间内保持在规定的容许值内。所选定的参数值及时间长短取决于待测试样或试件的性质。

试验环境是在整个试验期间试样或试件所暴露的环境。它是以温度及相对湿度的一个参数或两个参数为定值，并保持在预定的范围内为特征。

GB/T 9278—2008《涂料试样状态调节和试验的温湿度》，规定了色漆、清漆及相关材料在状态调节和试验中通用的温度与湿度条件。该标准适用于液体或粉末状色漆和清漆，也适用于其湿膜或干膜及原材料。

1. 相关标准

GB/T 3186—2006《色漆、清漆和色漆与清漆用原材料　取样》。

2. 检测设备

（1）恒温恒湿箱　温度控制满足（23±2）℃，相对湿度满足（50±5）%。

（2）恒温恒湿机　温度控制满足（23±2）℃，相对湿度满足（50±5）%。

3. 检测原理

在整个试验期间试样或试件所暴露的环境。它是以温度和相对湿度两个参数或其中一个参数的规定值为特征，参数值保持在规定的容许值内。

4. 检测步骤

1）标准条件（凡有可能均应采用）：温度为（23±2）℃，相对湿度为（50±5）%。

2）标准温度为（23±2）℃，相对湿度为环境湿度。

注：对于某些试验，温度的控制范围更加严格。例如，在测试黏度或稠度时，推荐的温度控制范围最大为±0.5℃。

3）其他条件：对于那些难以保持标准条件［温度（23±2）℃，相对湿度（50±5）%］的地区，以及为非仲裁目的，可以规定其他条件，但应在试验报告中注明；对于那些既不必控制温度也不必控制相对湿度的环境条件，如果已知温度和湿度，应在试验报告中注明。

4）试样和仪器的相关部分应置于状态调节环境中，以使它们与该环境达到平衡。试样应避免受日光直射，环境应保持清洁。试板应彼此隔开，也应与状态调节箱的箱壁隔开，其间距至少为20mm。

5. 检测结果及评定

1）除非另有规定，否则试样应在与其状态调节相同的环境条件下进行试验。

2）如果采用温度为（23±2）℃、相对湿度为（50±5）%的规定标准条件进行状态调节和试验，则试验报告应说明；在符合本标准条件下状态调节了24h，然后进行试验。

3）如果未采用规定的标准条件［温度（23±2）℃，相对湿度（50±5）%］，而选用了其他条件，则试验报告应说明所采用的条件。

3.2 涂料外观检测

涂料外观检测是对涂料进行各项检测项目前的一个初步目测，观察涂料在容器中的状态，是否存在分层、沉淀、结块、凝胶等现象，反映涂料的表观性能即开罐效果。对于清漆、清油和稀释剂等，也需要对其透明度及颜色进行检测。

3.2.1 涂料在容器中的状态

涂料在容器中状态是指涂料在容器中的性状，即涂料的液态性能，如涂料是否存在分层、沉淀、结块、凝胶等现象，以及经搅拌后是否能混合成均匀状态。它是判断涂料外观质量最直观的方法，该项技术指标反映了涂料的表观性能即开罐效果。

1. 相关标准

GB/T 3186—2006《色漆、清漆和色漆与清漆用原材料　取样》。

2. 样品容器

样品容器的状况：涂料产品检测时，应在批量生产的物料中随机抽取一最小的完整包装单位为受测样品，同时应记录样品容器的外观缺陷或可见的损漏，如损漏严重，应予舍弃。

3. 检测原理

通过目视检测样品有无分层、发浑、变稠、胶化、结皮、沉淀等现象，评定样品在容器中的状态，对样品进行初步评定。

4. 检测步骤

1）容器的开启：开启涂料容器前，应除去外包装及污染物，随后小心地打开桶盖，不得搅动桶内产品。如果容器内的样品可能已受到影响，则该样品应予舍弃。

2）选用干净的搅拌棒，对样品进行充分搅拌。

3）通过目测观察样品有无分层、发浑、变稠、胶化、结皮、沉淀等现象。

5. 检测结果及评定

1）分层、沉淀：涂料经存放可能出现分层现象，一般可用刮刀检查，若沉降层较软，用刮刀容易插入，沉淀层容易被搅起重新分散，涂料可继续使用，判定“合格”。

2）结皮：醇酸、酚醛、天然油脂等涂料经常会产生结皮，结皮层无法使用，将其除去后，将下层样品搅拌均匀，进一步目测观察下层样品能否搅拌分散成正常状态，若可以则判定“合格”。

3）变稠、胶化：可搅拌或加适量稀释剂搅匀进一步目测观察，若不能搅拌分散成正常状态，则涂料不能使用，判定“不合格”。

6. 注意事项

某些色漆、清漆和相关产品（如脱漆剂）在贮存期间容易产生气体或蒸气压力，开启容器时应注意此种情况，当发现容器的盖和底部已鼓起时，更应特别注意。

3.2.2 涂料（清漆、清油和稀释剂）透明度检测

透明度是物质透过光线的能力，透明度可以表明清漆、清油、漆料及稀释剂等是否含有机械杂质和悬浮物。

清漆和清油都是胶体溶液，其透明程度或浑浊程度都是由于光线照射在分散相微粒上产生散射光而引起的。在生产过程中，各种物料的纯净程度、机械杂质的混入，物料的局部过热、树脂的互溶性、溶剂对树脂的溶解性、催干剂的析出及水分浸入都会影响产品的透明度，外观浑浊而不透明的产品将影响成膜后的光泽和颜色，并使附着力和对化学介质的抵抗力下降。

清漆、清油和稀释剂透明度测定法，依据 GB/T 1721—2008《清漆、清油及稀释剂外观和透明度测定法》测定，该标准中透明度的测定方法有两种：目视法和仪器法，结果以透明、微浑和浑浊，即标准中的 1 级、2 级、3 级三个等级表示。

1. 目视法

（1）相关标准 GB/T 3186—2006《色漆、清漆和色漆与清漆用原材料 取样》。

（2）检测设备

1）具塞比色管：容量为 25mL。

2）天平：精确至 0.01g。

3）木制暗箱：尺寸为 500mm×400mm×600mm，如图 3-1 所示。

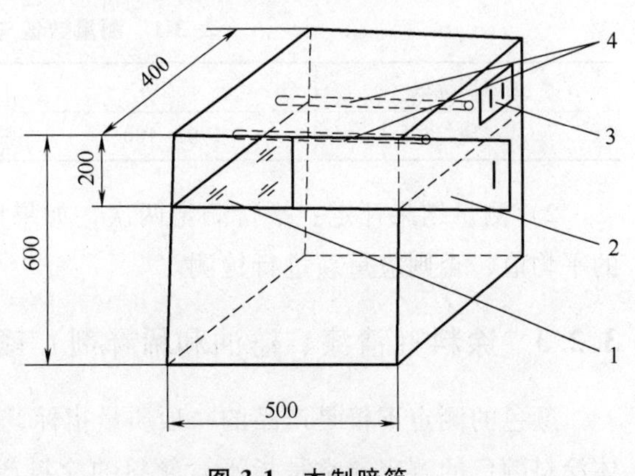

图 3-1 木制暗箱

1—磨砂玻璃 2—挡光板 3—电源开关 4—15W 荧光灯

4）透明度比色计：分无色部分和有色部分。

（3）检测原理 将试样装入干燥洁净的、容量为 25mL 的无色玻璃比色管中，将温度调整到（23±2）℃，于暗箱的透射光下与一系列不同浑浊程度的标准液（无色的用无色部分，有色的用有色部分）进行比较，选出与试样

最接近的一级标准液，样品透明度等级直接以标准溶液的等级表示。检测时用的标准也有两种，如果样品是无色的就用无色标准液，如果样品是有色的就用对应的有色标准液。

（4）检测结果及评定

1）外观通过目视比较评定试样中是否含有机械杂质。

2）透明度标准液分为三个等级，分别为透明、微浑、浑浊，即 GB/T 1721—2008 中的 1 级、2 级、3 级。试样的透明度等级直接以最接近的一级标准液等级表示。

（5）注意事项

1）标准液比色管要妥善保管，防止光照，有效使用期为 6 个月。

2）在测试过程中，当发现标准液有棉絮状悬浮物或沉淀时，应摇匀后再与试样对比。

3）测定时，当试样由于温度低而引起浑浊时，可水浴加热到 50~55℃，保持 5min，然后冷却到（23±2）℃，再进行测定。

4）测定前，装试样的比色管外观要透明、清洁，否则会影响测试结果。

2. 仪器法

（1）相关标准　GB/T 3186—2006《色漆、清漆和色漆与清漆用原材料　取样》。

（2）检测设备

1）铜网：筛网孔径为 150~180μm。

2）透明度测定仪：透明度等级为 20~100，测量精度为 2%。

（3）检测原理　用仪器测出透明度数值，依据此数值判定出样品的透明度等级。

（4）检测步骤

1）打开仪器电源。

2）调节校准，使仪器的显示值为 100%。

3）搅拌样品，使用筛网孔径为 150~180μm 的铜网过滤，将过滤后的样品倒入一干燥洁净的液体槽中，液体高度不小于槽高的 80%。将液体槽插入测量口，读取数据。

（5）检测结果及评定

1）测量结果的表示：按表 3-1 列出的测量数值与透明度等级间关系判断透明度等级。

表 3-1　测量数值与透明度等级间关系

透明度等级	透明	微浑	浑浊
测量数值	82~100	52~81	51 以下

2）测量结果评定：平行测定两次，如果两次测量结果之差不大于 2，取两次测定结果的平均值，否则应重新进行检测。

3.2.3　涂料（清漆、清油和稀释剂）颜色检测

颜色的测定不仅是产品的一项质量指标，也是某些原材料或半成品的一项控制项目。液体涂料颜色的测定通常是指不含颜料的涂料产品（如清漆、清油或漆料等）的检测，主要测定透明液体（清漆、清油和稀释剂）颜色的深浅程度。颜色的深浅将直接影响其成膜性能及使用范围，通常要求颜色越浅越好。颜色的深浅可以综合反映出产品的成分和纯度，颜

色深的清漆不适宜制造罩光漆，也不适宜制造白色或浅色的色漆。

色漆是含颜料的涂料，对色漆颜色的要求是颜色一致，不允许颜色有深有浅，测试含有颜料不透明的涂料产品的表面颜色时，一般是将样品涂在试板上，完全干燥后与标准涂料颜色（如标准色卡）进行比较，观察颜色的深浅是否一致。

对于液体涂料（清漆、清油和稀释剂）颜色的检测，我国现行国家标准为GB/T 1722—1992《清漆、清油及稀释剂颜色测定法》，该标准中的检测方法分为：甲法（铁钴比色计法）和乙法（罗维朋比色法）。

1. 铁钴比色计法

（1）相关标准　GB/T 3186—2006《色漆、清漆和色漆与清漆用原材料　取样》。

（2）检测设备

1）无色玻璃试管：内径为10.75mm，长为114mm。

2）试剂：铁钴比色计。

3）人造日光比色箱：应符合GB/T 9761—2008中的规定。

4）木制暗箱：尺寸为500mm×400mm×600mm。

（3）检测原理　将清漆、清油、漆料和稀释剂与一系列标准色阶标号铁钴标准色阶溶液进行比较，其原理是在天然散射光下或规定的人工光源的透射光下比较，利用清漆、清油、漆料和稀释剂等透明液体以光的吸收面产生颜色的深浅不同，确定其颜色的深浅程度。

（4）检测步骤　将试样装入洁净干燥，内径为10.75mm、长为114mm的无色玻璃比色管中，在（23±2）℃条件下，于人造日光比色箱或木制暗箱内，在30～50cm视距的透射光下与铁钴比色计的标准色阶进行比较，选出两个与试样颜色最接近的，或一个与试样颜色相同的标准色阶溶液。以标准色阶号数表示样品颜色的等级。

（5）检测结果及评定　记录与试样颜色最接近的或与试样颜色相同的标准色阶号，该标准色阶号则表示试样的颜色。

（6）注意事项

1）测定前，检查比色管应清洁、透明，否则不能使用。

2）当试样由于温度低而引起浑浊时，可水浴加热到50～55℃，保持5min，然后冷却到（23±2）℃，再进行测定。

3）测定时，当色相不同时，可不考虑色相，只比较深浅。

4）铁钴比色计要妥善保管，防止日照。每三年校正一次。

2. 罗维朋比色法

（1）相关标准　GB/T 3186—2006《色漆、清漆和色漆与清漆用原材料　取样》。

（2）检测设备　罗维朋比色计。

（3）检测原理　将样品置于罗维朋比色计样品池中，用标有罗维朋色度标单位值的红、黄、蓝三原色滤色片与样品进行目视匹配，当匹配色与试样色一致时，以三滤色片的色度标单位值表示样品的颜色。

（4）检测步骤

1）将罗维朋比色计调整到工作状态，标准白板放在规定位置上，将被测液体倒入产品标准规定的样品池中，放入罗维朋比色计中。

2）从目镜中观察样品，调节各滤色片进行匹配组合，直至三滤色片组成的颜色与样品颜色一致，记录各滤色片色度标单位值及所用样品池规格。

（5）检测结果及评定

1）滤色片的罗维朋色度标单位值范围如下。

① 红色滤色片：0.1~0.9、1.0~9.0、10.0~70.0。

② 黄色滤色片：0.1~0.9、1.0~9.0、10.0~70.0。

③ 蓝色滤色片：0.1~0.9、1.0~9.0、10.0~40.0。

④ 中性灰色滤色片：0.1~0.9、1.0、2.0、3.0。

最小读数为0.1罗维朋色度标单位。

2）样品结果评定如下。

① 从目镜中观察样品，调节各滤色片进行匹配组合，直至三滤色片组成的颜色与样品颜色一致，记录各滤色片色度标单位值及所用样品池规格。

② 使用一个或两个滤色片进行目视匹配时，如果滤色片较样品暗，则需要在样品池外加中性灰色滤色片，使二者颜色和亮点都一致。记录各滤色片色度标单位值、样品池规格及中性灰色滤色片色度标单位值。

3.3 涂料细度检测

涂料的细度，也称为研磨细度，是颜料及填充料在涂料当中分散程度的量度。也就是在相应的试验条件下，在标准细度板上所获取的读数，该读数表示了细度计某处凹槽的深度，通常以微米来表示。涂料生产制造中，细度是一项常规化的检测项目，对细度进行测定，以此来对涂料内在质量进行控制。细度对于涂料的成膜质量、颜色、光泽、耐久性及贮存稳定性等方面有着一定的影响。颗粒细及分散程度较高的色漆，颜料的湿润性良好，颜料颗粒之间没有被漆料充满的空间比较少，这样所制作的涂膜颜色比较均匀、表面平衡、光泽好，并且颜料在实际的贮存中不会发生沉淀和结块等情况，从而将贮存的稳定性提升。在细度检测中，所测量的数据不是单个颜料或填充料粒子大小，而是色漆生产中颜料及填充料在被研磨分散后的凝聚团大小。对研磨细度的测量，也是对涂料生产中研磨效率和研磨设备的分散效能的评价。

目前我国采用刮板细度计法进行相关检测。GB/T 1724—2019《色漆、清漆和印刷油墨研磨细度的测定》是我国制定的检验方法标准，对刮板细度计法测定细度、刮板的测试原理、结构特征、操作方法、终点判定、结果表示和应用范围，均有明确的规定。

1. A 法

（1）相关标准

1）GB/T 3186—2006《色漆、清漆和色漆与清漆用原材料　取样》。

2）GB/T 20777—2006《色漆和清漆　试样的检查和制备》。

3）JB/T 9385—2017《刮板细度计》。

（2）检测设备

1）细度板：长约175mm、宽65mm、厚13mm的淬火钢块（不锈钢），其上开有一条或两条长约140mm、宽12.5mm且平行于钢块长边的凹槽，凹槽的深度沿钢块的长边均匀递减，凹槽的一端有合适深度（如25μm、50μm或100μm），另一端深度为零。

2）刮刀：由长约90mm、宽40mm、厚6mm的单刃或双刃钢片制成，长边上的刀刃应是平直的且圆整，呈半径约为0.25mm的圆弧状。

（3）检测原理　利用刮板细度板上的楔形凹槽将涂料刮出一个楔形层，用肉眼辨别湿膜内颗粒出现的显著位置以得到细度读数。

（4）检测步骤

1）首先对试样进行预测试，以选择量程最适宜的细度板。

2）将洗净并干燥的细度板放在平坦、水平、不会滑动的平面上。

3）将足够量的样品滴入沟槽的深端，并使样品略有溢出（注意滴入样品时勿夹带气泡）。

4）用两手的大拇指和食指捏住刮刀，将刮刀的刀刃放在细度板凹槽最深一端，与细度板表面相接触，并使刮刀的长边平行于细度板的宽边，而且要将刮刀垂直压于细度板的表面，使刮刀和凹槽的长边成直角。在1~2s内使刮刀以均匀的速度刮过细度板的整个表面到超过凹槽深度为零的位置（如果是类似印刷油墨的黏性液体，刮过整个凹槽长度的时间应不少于5s，在刮刀上施加足够的压力，以确保凹槽中充满样品）。

5）在刮完样品后，在涂料仍是湿态的情况下，尽可能快（几秒内）地从侧面观察，观察时，实线与凹槽的长边成直角，且和细度板表面的角度为20°~30°。需要及时确定集中点及集中点上一个刻度范围内的颗粒数，以此来对细度值进行确定。

（5）检测结果及评定

1）观察样品首先出现密集微粒点之处，特别是横跨凹槽3mm宽的条带内包含5~10个颗粒的位置。在密集微粒点出现之处的上面可能出现的分散的点可以不予理会，确定此条带上限的位置，按下列精度要求读数：①量程100μm的细度板为5μm；②量程50μm的细度板为2μm；③量程25μm的细度板为1μm。

其中，100μm的细度板适用于一般用途，但50μm的细度板，特别是25μm的细度板只有熟练的实验室人员操作才能得到可靠的结果。在判断小于10μm的读数时，应当特别谨慎。图3-2所示为读数为45μm的细度板示例之一。

2）样品平行测定三次，计算测定的平均值。

3）重复性限（r），同一操作者在同一实验室、在短时间间隔内使用同一设备用本方法对样品进行测定得到的两个单一结果的绝对差值低于细度板量程的10%时，则认为其置信度为95%。

4）再现性限（R），不同操作者在不同实验室用本方法对同一样品得到的两个单一测定结果的绝对差低于细度板量程的20%时，则认为其置信度为95%。

2. B法

（1）相关标准

1）GB/T 3186—2006《色漆、清漆和色漆与清漆用原材料　取样》。

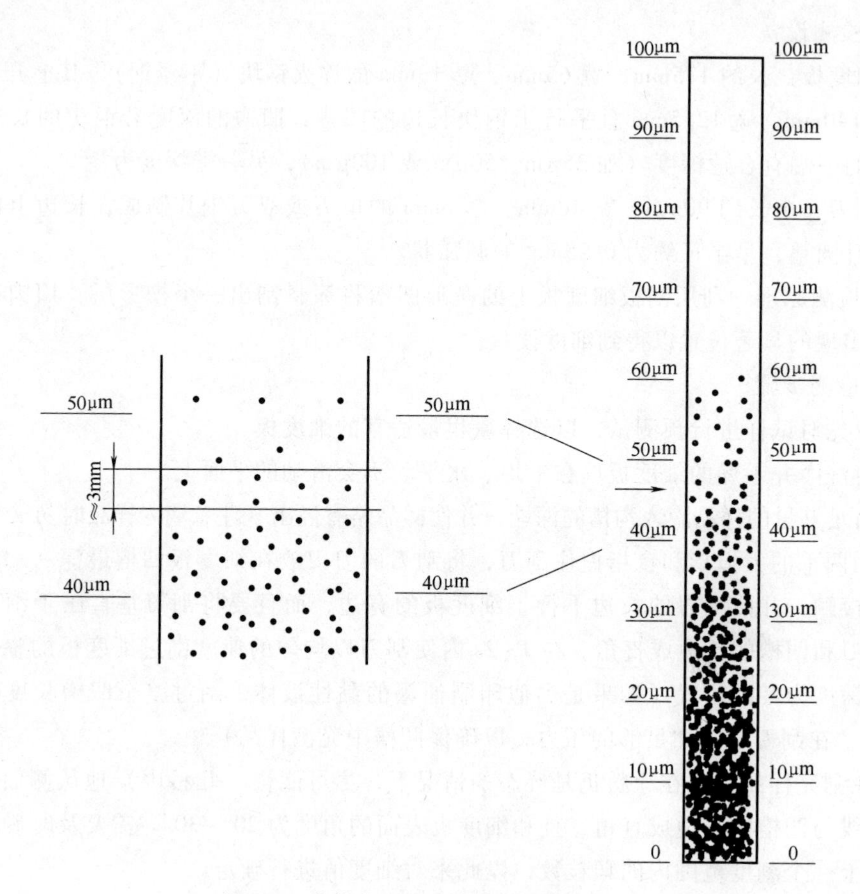

图 3-2 读数为 45μm 的细度板示例之一

2）GB/T 20777—2006《色漆和清漆 试样的检查和制备》。

3）JB/T 9385—2017《刮板细度计》。

（2）检测设备

1）细度板：符合 JB/T 9385—2017 的要求。①刮板上应有一或两道平行于刮板长边的斜槽，斜槽的一端有给定的深度，另一端深度为零；②刮板的上表面应平整、光滑，其上平面和斜槽底平面的平面度误差均不大于 3μm，其上表面的横向直线度误差应不大于 1μm，其上表面对下表面的平行度误差应不大于 25μm。

2）刮刀：由长约 90mm、宽 40mm、厚 6mm 的单刃或双刃钢片制成，长边上的刀刃应是平直的且圆整，呈半径约为 0.25mm 的圆弧状。

（3）检测原理 利用刮板细度板上的楔形凹槽将涂料刮出一个楔形层，用肉眼辨别湿膜内颗粒出现的显著位置以得到细度读数。

（4）检测步骤

1）首先对试样进行预测试，以选择量程最适宜的细度板，典型细度板分度间隔和推荐测试范围见表 3-2。

2）将洗净并干燥的细度板放在平坦、水平、不会滑动的平面上。

表 3-2 典型细度板分度间隔和推荐测试范围

细度板规格尺寸/μm	分度间隔/μm	推荐测试范围/μm
150	5	≥71
100	5	31~70
50	2.5	≤30

3）将足够量的样品滴入沟槽的深端，并使样品略有溢出（注意滴入样品时勿夹带气泡）。

4）用两手的大拇指和食指捏住刮刀，将刮刀的刀刃放在细度板凹槽最深一端，与细度板表面相接触，并使刮刀的长边平行于细度板的宽边，而且要将刮刀垂直压于细度板的表面，使刮刀和凹槽的长边成直角。在3s内使刮刀以均匀的速度刮过细度板的整个表面到超过凹槽深度为零的位置（如果是类似印刷油墨的黏性液体，刮过整个凹槽长度的时间应不少于5s，在刮刀上施加足够的压力，以确保凹槽中充满样品）。

5）在刮完样品后，立即（不超过5s）从侧面观察，观察时，实线与凹槽的长边成直角，且和细度板表面的角度为15°~30°。同时要求在易于看出凹槽中样品状况的光线下进行观察，记下读数。

（5）检测结果及评定　观察样品首先出现密集微粒点之处，凹槽中颗粒均匀显露处，记下读数（精度到最小分度值），如有个别颗粒显露在其他分度值外，则读数与相邻分度线范围内不得超过3个颗粒。图3-3所示为读数为45μm的细度板示例之二。

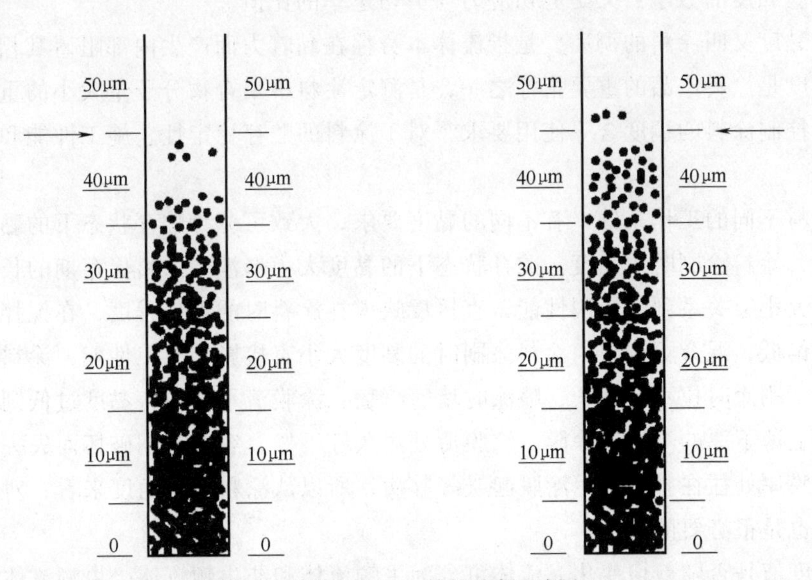

图 3-3 读数为45μm的细度板示例之二

3. 注意事项（A法和B法）

（1）样品　被测样品必须具有代表性，测定前应充分搅拌试样，取出有代表性的样品。

（2）黏度　被测样品的黏度会影响细度的测定。一般黏度与细度成反比，因为当黏度低时，溶剂挥发较快，从而使颗粒更容易显露出来。

（3）溶剂　溶剂的挥发速度会影响细度的测定。因为当溶剂挥发速度快时，将导致样品的颗粒逐渐突出，使测得的细度值偏高，所以必须在规定时间内读取细度值。

（4）气泡　被测样品中存在气泡也会影响细度的测定。由于测定前需要搅拌样品，往往会把空气带入样品内，从而使气泡在细度计上显现出来，造成读数误差，因此搅匀后的样品应稍放置一会再测定。

（5）气温　冬季生产的水性漆，由于气温过低，有时漆液中的乙醇胺和水会凝析出来，因此应用水将漆液加热至40~50℃再冷却至室温后测定细度，以保证测定结果准确性。

（6）清洗　每次测定完毕应立即用适宜的溶剂仔细清洗细度计和刮刀，长期不用时要用中性矿物油将其涂抹保护，以免细度计表面腐蚀而影响使用。

（7）刮刀　刮刀硬度比细度板硬度低，长期使用的刮刀易受磨损，从而造成细度值偏高的误差，所以使用前应检查刮刀与细度板沟槽的最浅位置之间是否透光，一旦发现透光即表明刮刀刀刃磨损严重，则此刮刀不能继续使用，否则将会损伤细度板的沟槽。

3.4　涂料黏度检测

黏度是液体或胶态体系的主要物理化学特性之一。液体的黏度是指液体在外力（压力、重力、剪切力）作用下，其分子间相互作用而产生阻碍其分子间相互运动的能力，即液体流动的阻力。这种阻力（或称内摩擦力）通常以对液体施加的外力与产生流动速度梯度的比值来表示。黏度的数学意义是剪切应力与剪切速率的比值。

涂料的黏度又叫涂料的稠度，是指流体本身存在黏着力而产生内部阻碍其相对流动的一种特性。黏度是涂料产品的重要指标之一，是测定涂料中聚合物分子量大小的重要依据。这项指标主要控制涂料的稠度合乎使用要求，对于涂料的贮存稳定性、施工性能和成膜性能有很大影响。

根据涂料不同的工作条件，有不同的黏度要求，大致可分为贮存状态下的黏度、涂料搅拌时的黏度、涂料涂刷时的黏度。贮存状态下的黏度大小牵涉到涂料保存期的长短。涂料搅拌时的黏度大小会关系到其使用性能，直接反映搅拌涂料时的难易程度，在搅拌情况下，涂料黏度应该偏低，混合更方便。涂料涂刷时的黏度大小直接影响施工性能，涂料黏度过高会使施工困难，刷涂时拉不开刷子，喷涂时堵塞喷嘴，涂膜流平性差；黏度过低则施工时造成流挂，形成上薄下厚的不均匀涂膜，涂膜薄处耐久性不好，容易早期破坏而失去对底材的保护作用，涂膜厚处往往容易发生涂膜起皱等弊病，所以从涂料施工角度来看，对涂料黏度的测试和控制也是很必要的。

根据黏度值是否随剪切变化，流体可分为牛顿流体和非牛顿流体。牛顿流体的黏度值不随剪切速率变化而变化，保持一恒定值，如水、蜂蜜等；非牛顿流体的黏度值随剪切速率变化而变化，变大或变小。根据黏度变化特性，可分为剪切稀化流体、剪切增稠流体及带屈服应力的流体三种，其中以剪切稀化流体居多，涂料就是一种典型的剪切稀化流体。

液体涂料黏度的测量方法有多种，分别适用于不同的品种。对于透明清漆和低黏度色漆，主要以流出法为主；对透明清漆还有气泡法和落球法。对于高黏度色漆，则通过不同剪切速率下的应力的方法来测定黏度，采用这种方法还可测定其他的相应流变性。最常见的涂料黏度检测设备包括杯式（流出杯）黏度计和旋转黏度计。

3.4.1　流出杯法

流出杯是在实验室、生产车间和施工场所最容易获得的涂料黏度测量仪器。由于流出杯容积大，流出孔粗短，因此操作、清洗均较方便，且可以用于不透明的色漆。流出杯黏度计所测定的黏度为运动黏度，即为一定量的试样，在一定的温度下从规定直径的孔所流出的时间，以秒（s）表示。

涉及流出杯测定涂料黏度的方法的标准有 GB/T 1723—1993《涂料黏度测定法》和 GB/T 6753.4—1998《色漆和清漆　用流出杯测定流出时间》。在 GB/T 1723—1993 中使用涂-1 黏度计和涂-4 黏度计。

1. 方法一：涂-1 黏度计法

涂-1 黏度计适用于测定流出时间不低于 20s 的涂料产品。

（1）相关标准

1）GB/T 3186—2006《色漆、清漆和色漆与清漆用原材料　取样》。

2）GB/T 9278—2008《涂料试样状态调节和试验的温湿度》。

3）GB/T 20777—2006《色漆和清漆　试样的检查和制备》。

（2）检测设备

1）涂-1 黏度计（见图 3-4）：涂-1 黏度计是上部为圆柱形、下部为圆锥形的金属容器，内壁上有一刻度线，锥底部有漏嘴。容器的盖上有两个孔，一孔为插塞棒用，另一孔为插温度计用。

2）温度计：温度范围为 0～50℃，分度值为 0.1℃、0.5℃。

3）秒表：分度值为 0.2s。

（3）检测原理　涂-1 黏度计测定的黏度是条件黏度，即一定量的试样，在一定的温度下从规定直径的孔流出所用的时间，以秒（s）表示。

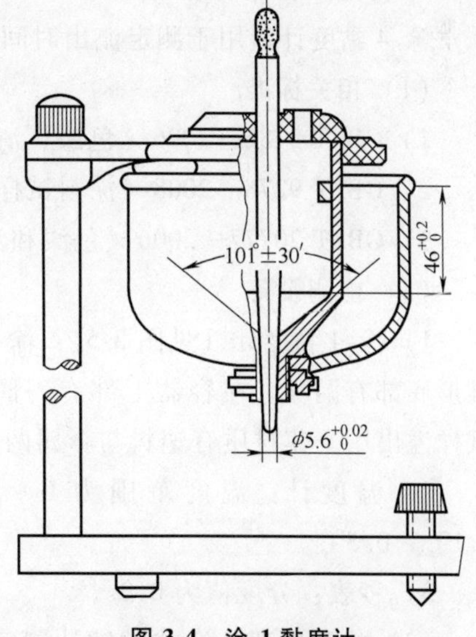

图 3-4　涂-1 黏度计

（4）检测步骤

1）每次测定之前须用纱布蘸溶剂将涂-1 黏度计内部擦拭干净，在空气中干燥或用冷风吹干，对光观察，涂-黏度计漏嘴等部位应清洁。

2）将涂-1 黏度计置于水浴套内，插入塞棒，将试样搅拌均匀，有结皮和颗粒时用孔径为 246μm 的金属筛过滤，调整温度为（23±1）℃或（25±1）℃。

3）将试样倒入涂-1 黏度计内，调节水平螺钉使液面与刻线刚好重合，盖上盖子并插入温度计，保持试样温度。

4）在漏嘴下面放置一个 50mL 量杯，在试样温度符合要求后，迅速将塞棒提起，试样从漏嘴流出时，立即启动秒表。

5）当杯内试样达到 50mL 刻度线时，立即停止秒表，试样流入杯内 50mL 所需时间（s）即为试样的条件黏度。

（5）检测结果及评定

1）检测结果：用以下公式可将试样的流出时间（s）换算成运动黏度值（mm^2/s）。

$$t=0.053v+1.0$$

式中 t——流出时间（s）；

v——运动黏度（mm^2/s）。

2）检测结果评定：两次测定值之差不应大于平均值的 3%，取两次测定值的平均值为测定结果。

（6）注意事项

1）涂-1 黏度计的上边必须水平，以保证漏嘴处于垂直位置，测定时手指放开要快而自然，不要晃动涂-1 黏度计，操作环境不要有机械振动等干扰。

2）漆液应按规定过滤，以免结皮、杂质和大颗粒堵住漏嘴而测不准。

3）测定时温度必须严格控制，使之符合要求。

4）测定完毕，涂-1 黏度计必须用适当溶剂清洗干净，不要用金属丝等硬物刮洗，如果漏嘴有已干的黏附物，要先用适当的溶剂将其泡软，然后用软的织物穿过漏嘴进行清洗，擦净保存。涂-1 黏度计使用前必须检查是否干净，长期不用的涂-1 黏度计应清洗干净并干燥后保存。

2. 方法二：涂-4 黏度计法

涂-4 黏度计适用于测定流出时间在 150s 以下的涂料产品。

（1）相关标准

1）GB/T 3186—2006《色漆、清漆和色漆与清漆用原材料　取样》。

2）GB/T 9278—2008《涂料试样状态调节和试验的温湿度》。

3）GB/T 20777—2006《色漆和清漆　试样的检查和制备》。

（2）检测设备

1）涂-4 黏度计（见图 3-5）：涂-4 黏度计是上部为圆柱形，下部为圆锥形的金属容器，锥形底部有漏嘴。在容器上部有一圈凹槽，作为多余试样溢出用。其材质有塑料与金属两种。

2）温度计：温度范围为 0～50℃，分度值为 0.1℃、0.5℃。

3）秒表：分度值为 0.2s。

（3）检测原理　涂-4 黏度计测定的黏度是条件黏度，即一定量的试样，在一定的温度下从规定直径的孔流出所用的时间，以秒（s）表示。

（4）检测步骤

1）每次测定之前须用纱布蘸溶剂将涂-4 黏度计内

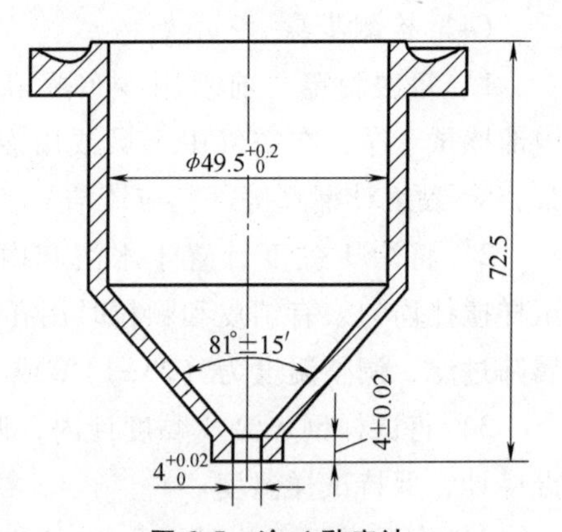

图 3-5　涂-4 黏度计

部擦拭干净，在空气中干燥或用冷风吹干，对光观察，涂-4 黏度计漏嘴应清洁。

2）将涂-4 黏度计置于水浴套内，插入塞棒，将试样搅拌均匀，有结皮和颗粒时用孔径为 246μm 金属筛过滤，调整温度为（23±1）℃或（25±1）℃。

3）调整水平螺钉，使涂-4 黏度计处于水平位置，在涂-4 黏度计漏嘴下面放置一个 150mL 的搪瓷杯。

4）用手指堵住漏嘴，将（23±1）℃或（25±1）℃试样倒满涂-4 黏度计中，用玻璃棒或玻璃板将气泡和多余试样刮入凹槽。松开手指，同时启动秒表，待试样流束刚中断时立即停止秒表。试样从黏度计流出的时间（s），即为试样的条件黏度。

（5）检测结果及评定

1）检测结果：用以下公式可将试样的流出时间（s）换算成运动黏度值（mm^2/s）。

当 $t<23s$ 时，

$$t=0.154v+11$$

当 $23s \leqslant t<150s$ 时，

$$t=0.223v+6.0$$

式中　t——流出时间（s）；

v——运动黏度（mm^2/s）。

2）检测结果评定：两次测定值之差不应大于平均值的 3%，取两次测定值的平均值为测定结果。

（6）注意事项

1）涂-4 黏度计的上边必须水平，以保证漏嘴处于垂直位置，测定时手指放开要快而自然，不要晃动涂-4 黏度计，操作环境不要有机械振动等干扰。

2）漆液应按规定过滤，以免结皮、杂质和大颗粒堵住漏嘴而测不准。

3）测定时温度必须严格控制，使之符合要求。

4）测定完毕，涂-4 黏度计必须用适当溶剂清洗干净，不要用金属丝等硬物刮洗，如果漏嘴有已干的黏附物，要先用适当的溶剂将其泡软，然后用软的织物穿过漏嘴进行清洗，擦净保存。涂-4 黏度计使用前必须检查是否干净，长期不用的涂-4 黏度计应清洗干净并干燥后保存。

3. 方法三：色漆和清漆用流出杯测定流出时间

受试材料自装满的流出杯开始流出的一瞬间至接近流出孔处材料流束最初中断的一瞬间所经过的时间，为受试材料的流出时间，以秒（s）表示。本方法使用尺寸相似而流出孔径分别为 3mm、4mm、5mm、6mm 的四种流出杯，用于测定能准确地判定自流出杯的流出孔流出的液流断点的试验物料。流出时间超过 100s 的试验物料，由于延迟效应，断点难于断定且重复性差。轨道交通行业车辆涂料检测黏度评定标准中要求使用 6mm 流出杯。

（1）相关标准

1）GB/T 3186—2006《色漆、清漆和色漆与清漆用原材料　取样》。

2）GB/T 9278—2008《涂料试样状态调节和试验的温湿度》。

3）GB/T 20777—2006《色漆和清漆　试样的检查和制备》。

（2）检测设备

1）流出杯：尺寸规格详见 GB/T 6753.4—1998。流出杯漏嘴内径的公差要求最严格，因为流出时间与此内径尺寸的四次方成反比。

2）温度计：精确至 0.2℃，分度间隔为 0.2℃或更小。

3）秒表或其他计时器：分度值为 0.2s 或更小，当测试时间在 60min 以内时，精度应在 0.1%之内。

（3）检测原理　本方法适用于测定牛顿流体，且限于测定能准确地判定自流出杯的流出孔流出的液流断点的试验涂料。试验涂料自装满的流出杯开始流出的一瞬间至接近流出孔处涂料流束最初中断的一瞬间所经过的时间，为试验涂料的流出时间，以 s 表示。

（4）检测步骤

1）预备测试：选择规定的某一标号的流出杯，它对所测试样要能得到 30～100s 的流出时间。在试样装满流出杯的 5s 之内松开手指进行测定，记录流出时间；重复进行测定，但这次要使试样在流出杯中保持 60s 后再松开手指。如果第二次结果与第一次结果之差大于它们平均值的 10%，则认为该试样是非牛顿流体，因而不适宜用该方法来测定黏度。

2）流出时间测定：选择规定的某一标号的流出杯，使其对于受试样品要能得出 20～100s 的流出时间，且最好在 30～100s。调整样品的温度，用一手指堵住流出杯的孔，将试样倒入杯内，将玻璃板水平地拉过流出杯的边缘，使试样的水平面与流出杯的上边缘处于同一水平位置，松开手指进行测定，记录时间，精确至 0.5s。

（5）检测结果及评定　重复测试两次，计算两次测定的平均值。如果两次测定值之差大于平均值 5%，则进行第三次测定。如果第三次测定值和前两次测定值任何一次之差不大于平均值 5%，则舍弃超过要求的一次测定值，计算两次可接受测定值的平均值作为结果。如果第三次测定仍不能得到符合要求的测定值，则是由于该试样具有不规则流动性而不适宜用本方法，应考虑使用别的试验方法。

（6）注意事项

1）流出杯在使用后，应在试样开始变干之前立即用适宜的溶剂对其进行清洗，绝不能使用金属清理工具或金属丝。如果流出孔被干沉积物污染，应用适宜的溶剂使之变软，再仔细清洗，如用软布穿过流出孔拉擦清洗。

2）在测试过程中，可以把温度计插进试样流束中，但不能干扰流束中断的观察。调节的温度差不应大于 0.5℃。

3）流出时间超过 100s 的试验物料，由于延迟效应，断点难于断定且重复性差。

3.4.2　旋转黏度计法

对于具有非牛顿流体性质的高黏度液体和黏稠的色漆和乳胶漆等，则一般采用旋转黏度计测量黏度。非牛顿流体的黏度，即剪切应力和剪切速率之比是变量，随剪切速率变化而变化。通常用圆筒、圆盘或桨叶在涂料试样中旋转，使其产生回转流动，测定使其达到固定剪切速率时需要的应力，从而换算成黏度。

旋转黏度计随流变学的研究发展很快，黏度计种类很多。涂料企业通常选用的是 NDJ-1

型旋转黏度计。NDJ-1 型旋转黏度计的同步电动机以稳定的速度旋转，连接刻度圆盘，再通过游丝和转轴带动转子旋转。NDJ-1 型旋转黏度计测定黏度时有四种转子可选，测定黏度范围为 10~1000Pa·s，且四档转速分别为 6r/min、12r/min、30r/min 和 60r/min，可根据需要选择。

旋转黏度计法标准有 GB/T 2794—2013《胶黏剂黏度的测定》、GB/T 9751.1—2008《色漆和清漆　用旋转黏度计测定黏度　第一部分：以高剪切速率操作的锥板黏度计》，测定样品黏度的具体方法如下。

1. 相关标准

1）GB/T 3186—2006《色漆、清漆和色漆与清漆用原材料　取样》。

2）GB/T 9278—2008《涂料试样状态调节和试验的温湿度》。

3）GB/T 20777—2006《色漆和清漆　试样的检查和制备》。

2. 检测设备

（1）NDJ-1 型旋转黏度计　NDJ-1 型旋转黏度计是圆筒式，内（外）筒旋转、外（内）筒固定，试样在内外筒之间受到剪切，后来发展到桨式圆盘式和锥板式。图 3-6 所示为 NDJ-1 型旋转黏度计的结构原理及外观示意图。

（2）温度计　温度计的分度值为 0.1℃。

（3）测量容器　测量容器为烧杯或筒形容器，直径不小于 70mm。

3. 检测原理

圆柱形或圆盘形的转子在待测样品中以恒定速率旋转，由于待测样品的黏度对转子运行的阻力导致黏性力矩产生，使弹性元件产生偏转扭矩，当黏性力矩与偏转扭矩平衡时，通过测量弹性元件的偏转角计算待测样品的黏度。

4. 检测步骤

1）在烧杯或盛样品的容器内装满待测样品，确保不要引入气泡。

2）调节样品的温度，若无特别说明，样品温度应控制在（23±0.5）℃。

3）将仪器安装在固定架上并校正至水平位置。

4）选用 3 号转子，转速为 6r/min。

5）将转子垂直浸入试样中心部位，并使液面达到转子液位标线。

6）开启旋转黏度计的同步电动机，读取旋转时指针在圆盘上稳定时的读数。

7）停止同步电动机的运行，等到转子停止后再次开启同步电动机重复检测，每个样品测定三次。

8）测定完毕，将转子从仪器上拆下并用合适的溶剂清洗干净。

5. 检测结果及评定

（1）检测结果　按下式计算黏度（η）。

$$\eta = \frac{KS}{1000}$$

式中　η——动力黏度（Pa·s）；

S——圆盘上指针读数；

K——指针读数转换因子（200mPa·s）。

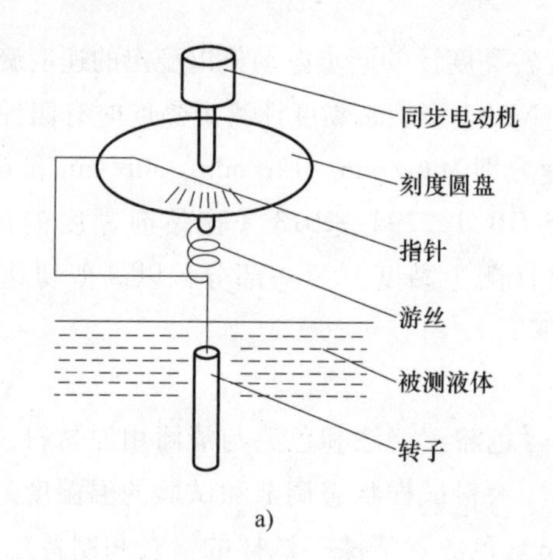

a)

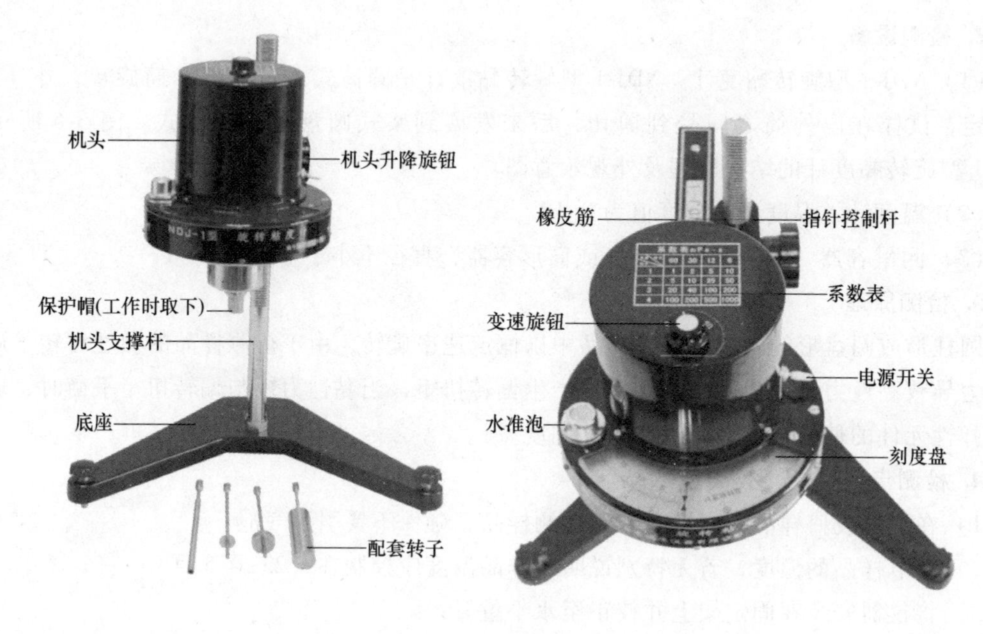

b)

图 3-6　NDJ-1 型旋转黏度计结构原理及外观示意图

a）结构原理　b）外观示意图

（2）重复性　每个试样重复测定三次，每次误差小于 10%，取其平均值。

6. 注意事项

1）装卸转子时应小心操作，不要用力过大，以免转子弯曲。装上转子后不得将仪器侧放或倒放。

2）连接螺栓和转子连接端面及螺纹处应保持清洁，每次使用完毕应及时清洗转子，并妥善安放于转子架中。

3）轨道交通行业一般规定选用 3 号转子，转速为 6r/min，若采用其他标准，可视试样黏度大小选用适宜的转子及转速，使读数在刻度盘的 20%~90%。

注意：除以上几种方法，还有落球法及斯托默黏度计法可以测定涂料黏度，因不常用在此不做过多赘述。

3.5　涂料不挥发物含量检测

涂料不挥发物含量即涂料组分中的固体含量，指的是在规定的试验条件下，样品经挥发而得到的剩余物的质量分数。涂料不挥发物是涂料生产是否正常的质量控制项目之一，它的含量高低与形成的涂膜质量和涂料使用价值有着直接关系。固体分是涂料中除去溶剂（或水）之外的不挥发物（包括树脂、颜料、增塑剂等）占涂料的质量分数，用以控制清漆和高装饰性磁漆中固体分和挥发分的比例是否合适。一般固体分低的涂料涂膜薄、光泽差、保护性欠佳，施工时易流挂。

固体分与黏度互相制约，当黏度一定时，通过固体分的测定，可以定量地确定涂料内成膜物质含量的多少，正常的涂料产品的黏度和固体分总是稳定在一定的范围内。通过这两项指标，可将漆料、颜料和溶剂（或水）的用量控制在适当的比例范围内，以保证涂料既便于施工，又有较厚的涂膜。

涂料不挥发物含量的测定方法依据 GB/T 1725—2007《色漆、清漆和塑料　不挥发物含量的测定》，该标准规定了测定色漆、清漆、色漆与清漆用漆基、聚合物分散体和缩聚树脂如酚醛树脂（可熔酚醛、线型酚醛树脂溶液等）的不挥发物含量的方法。

1. 相关标准

1）GB/T 3186—2006《色漆、清漆和色漆与清漆用原材料　取样》。

2）GB/T 6753.4—1998《色漆和清漆　用流出杯测定流出时间》。

3）GB/T 8298—2017《胶乳　总固体含量的测定》。

4）GB/T 20777—2006《色漆和清漆　试样的检查和制备》。

2. 检测设备

（1）称量皿　金属或玻璃的平底皿，直径为（75±5）mm，边缘高度至少为5mm。

（2）烘箱　烘箱应装有强制通风装置，温度控制量程为室温至250℃。

（3）分析天平　分析天平应能准确称量至1mg、0.1mg。

（4）干燥器　干燥器装有适宜的干燥剂，如用氯化钴浸过的干燥硅胶。

3. 检测原理

不挥发物含量是样品在一定温度下加热一定时间后，以加热后样品质量与加热前样品质量的比值百分数表示。

4. 检测步骤

1）称量皿干燥：将称量皿放置在烘箱中保持规定（依据产品判定标准规定）或商定的温度及时间。到达温度及时间后，取出放置在干燥器中直至使用。

2）样品搅拌：将样品搅拌均匀，防止样品存在沉淀或不均匀。

3）称量皿称量：称量洁净干燥的称量皿的质量（m_0），精确至1mg。

4）样品称量：称取样品规定（依据产品判定标准规定）或商定称量质量，精确至1mg，于称量皿中均匀铺平。

5）称量完毕后，将称量皿转移至预热调节到规定（依据产品判定标准规定）或商定温度的烘箱中，保持规定（依据产品判定标准规定）或商定的加热时间。

6）到加热时间结束后，将称量皿从烘箱中取出，转移至干燥器中使之冷却至室温，或者放置在无灰尘的大气中冷却。

5. 检测结果及评定

（1）结果计算　用以下公式计算不挥发物的质量分数 w，数值以百分数表示。

$$w=\frac{m_2-m_0}{m_1-m_0}\times100\%$$

式中　m_0——空皿的质量（g）；

m_1——皿和试样的质量（g）；

m_2——皿和剩余物的质量（g）。

（2）结果评定　如果色漆、清漆和漆基的两个结果（两次测定）之差大于2%（相对于平均值）或者聚合物分散体的两个结果之差大于0.5%，计算两个有效结果（两次测定）的平均值，报告其试验结果，精确至0.1%。

（3）精密度

1）重复性限（r），指在重复性条件下，使用本试验方法所得到的两个单一试验结果（每个单一试验结果都是两次测定的平均值）的绝对差值低于该限值时，可预期其置信度为95%。重复性条件是指在同一实验室，由同一操作者采用标准的试验方法，在短的时间间隔内对同一试样进行测试的条件。采用本试验方法：①对于色漆、清漆和漆基，r 为两个试验结果平均值的2%；②对于聚合物分散体，r 为两个试验结果平均值的0.6%。

2）再现性限（R），指在再现性条件下，使用本试验方法所得到的两个单一试验结果（每个单一试验结果都是两次测定的平均值）的绝对差值低于该限值时，可预期其置信度为95%。再现性条件是指在不同实验室的操作者采用标准的试验方法对同一试样进行测试的条件。采用本试验方法：①对于色漆、清漆和漆基，R 为两个试验结果平均值的4%；②对于聚合物分散体，R 为两个试验结果平均值的1%。

6. 注意事项

1）称量皿的干燥状况对不挥发物含量测定会有影响，由于在自然条件干燥的称量皿测定不挥发物含量波动较大，为提高测量精度，检测前须将称量皿在烘箱干燥后放置于干燥器中备用。

2）样品的称量对不挥发物含量测定会有影响，在称量皿直径一定的前提下，样品的称取质量增加，不挥发物含量结果也随之增加，大质量的样品在称量皿内相对较厚，涂层内部的溶剂相对较难挥发，因此称取样品质量对不同的涂料都有相应的要求，有些产品判定标准中会有明确规定，如未做出规定，可以参照表3-3和表3-4的规定称取样品。

3）烘箱测定温度对不挥发物含量测定会有影响，随着温度的升高，样品不挥发物含量明显降低，因此，样品烘箱测定温度应在产品判定标准中明确规定，如未做出规定，可以参照表3-3和表3-4的规定称取样品。

表 3-3　色漆、清漆、色漆与清漆用漆基和液态酚醛树脂的试验参数

加热时间/min	温度/℃	试样量/g	产品类别示例
20	200	1±0.1①	粉末树脂
60	80	1±0.1①	硝酸纤维素、硝酸纤维素喷漆、多异氰酸酯树脂②
60	105	1±0.1①	纤维素衍生物、纤维素漆、空气干燥型漆、多异氰酸酯树脂②
60	125	1±0.1①	合成树脂(包括多异氰酸酯树脂②)、烘烤漆、丙烯酸树脂(首选条件)
60	150	1±0.1①	烘烤型底漆、丙烯酸树脂
30	180	1±0.1①	电泳漆
60	135③	3±0.5	液态酚醛树脂

① 试样量经有关方商定可以不是1g。若是这种情况，建议试样量不要超过（2±0.2）g。对于含有沸点为160~200℃溶剂的树脂，建议烘箱温度为160℃。如有更高沸点的溶剂，试验条件应由有关方商定。

② 试验参数根据待测的多异氰酸酯树脂各自的类型而定。

③ 可使用交替的温度，建议交替的温度为120℃和150℃。

4）烘箱测定时间对不挥发物含量测定会有影响，随着时间的增加，样品不挥发物含量会降低，因此样品烘箱测定时间应在产品判定标准中明确规定，如未做出规定，可以参照表3-3和表3-4的规定称取样品。

5）样品的铺平对不挥发物含量测定会有影响，样品在称量皿底部铺平的均匀程度越高，涂层内部的溶剂相对较易挥发，结果相对越准确。

6）对于易挥发性的样品，建议将充分混匀的样品放入一个带塞的瓶中或可称重的吸管或10mL的不带针头的注射器中，用减量法称取试样（精确至1mg）至称量皿中，并在称量皿底铺平。

表 3-4　聚合物分散体的试验参数

加热时间/min	温度/℃	试样量/g	方法①
120	80	1±0.2②	A
60	105	1±0.2②	B
60	125	1±0.2②	C
30	140	1±0.2②	D

① 试验条件根据待测的聚合物分散体和乳液的类型而定，应选择有关方商定的条件。

② 试样量经有关方商定可以不是1g，然而不能超过2.5g。试样量也可为0.2~0.4g，精确至0.1mg。在这种情况下，试验时间可以减少（由待测分散体的类型而定），只要所得到的结果与本表中所给的条件下获得的结果相同。

3.6　涂料贮存稳定性检测

贮存稳定性是指涂料产品在正常的包装状态条件下，经过一定的贮存期限后，产品的物理和化学性能所能达到原规定的使用要求的程度。它反映涂料产品抵抗其存放后可能产生的异味、稠度、结皮、变粗、沉淀、结块、干性减退、酸值升高等性能变化的程度。

由于涂料产品在生产制成后，需要有一定时间的周转，往往可能贮存几个月，甚至数年以后才使用，因此不可避免地会有增稠、变粗、结块、沉淀等弊病产生，若这些变化超过容许的限度，就会影响到成膜性能，甚至涂料本身开罐后就不能使用，造成浪费。因此，进行特定条件下的贮存试验，即贮存稳定性的检测是很有必要的。

测定涂料的贮存稳定性可按 GB/T 6753.3—1986《涂料贮存稳定性试验方法》进行，该标准适用于液态色漆和清漆在密闭容器中，放置自然环境或加速条件下贮存后，测定所产生的黏度变化、色漆中颜料沉降、色漆重新混合以适于使用的难易程度及其他按产品规定所需检测的性能变化，作为色漆和清漆贮存稳定性的试验方法。

目前贮存稳定性的测定方法基本分为自然条件贮存和人工加速贮存两类。自然条件贮存测定条件是温度为（23±2)℃，时间为 6~12 个月。人工加速贮存测定条件是温度为(50±2)℃，时间为 30d。

1. 相关标准

GB/T 3186—2006《色漆、清漆和色漆与清漆用原材料　取样》。

2. 检测设备

1）干燥箱：能保持（50±2)℃的鼓风干燥箱。

2）容器：标准的压盖式金属漆罐，容积为 0.4L。

3）天平：分度值为 0.2g。

4）黏度计：涂-4 黏度计、涂-1 黏度计或其他适宜的黏度计。

5）秒表：分度值为 0.1s。

6）温度计：量程为 0~50℃，分度值 0.5℃。

7）调刀：漆用调刀，长 100mm 左右，刀头宽 20mm 左右，质量约为 30g。

8）漆刷：狼毛刷，宽 25mm 左右。

9）试板：尺寸为 120mm×90mm×(2~3）mm 的平玻璃板。

3. 检测原理

将待测样品取三份分别装入容器为 0.4L 的标准压盖式金属漆罐中，一罐作为原始试样在贮存前检查，另外两罐进行贮存性试验，结果以通过或不通过表示。

4. 检测步骤

(1）试样的采取和制备　按 GB/T 3186—2006 的规定，取出代表性试样，取三份试样装入规定的三个容器中，装样量以离罐顶 15mm 左右为宜。

(2）贮存试验条件　将两罐试样盖紧盖子后，称量试样质量，精确至 0.2g，然后放入恒温干燥箱内，在（50±2)℃加速条件下贮存 30d，也可在自然环境条件下贮存 6~12 个月。

1）贮存性试验前应将另一罐原始试样按试验步骤检查各项原始性能，以便对照比较。

2）试样贮存至规定期限后。由恒温干燥箱中取出试样，在室温放置 24h 后，称量试样质量，如与贮存前的质量差值超过 1%，则可认为由于容器封闭不严密所致，其性能测试结果值得怀疑。

注：在（50±2)℃加速条件下贮存 30d，大致相当于自然环境条件下贮存 6~12 个月。如果对（50±2)℃加速条件的试验结果有争议或怀疑，可在标准温度［(23±2)℃或(25±1)℃］条件下，按产品规定的贮存期限贮存 6~12 个月后，再检查各项性能，以此作为仲裁性试验。

(3）试验步骤

1）结皮、腐蚀及腐败气味的检查：在开盖时，注意容器是否有压力或真空现象，打开容器后检查是否有结皮、容器腐蚀及腐败气味、恶臭或酸味。

2）结皮、压力、腐蚀及腐败气味的评定，每个项目的质量分别按下列六个等级评定：①10—无；②8—很轻微；③6—轻微；④4—中等；⑤2—较严重；⑥0—严重。

3）沉降程度的检查：如有结皮，应小心地去除结皮，然后在不振动或不摇动容器的情况下，将调刀垂直放置在油漆表面的中心位置，调刀的顶端与漆罐的顶面取齐，从此位置落下调刀，用调刀测定沉降程度。

如果颜料已沉降，在容器底部形成硬块，则将上层液体的悬浮部分倒入另一清洁的容器中，存之备用。用调刀搅动颜料块使之分散，加入少量倒出的备用液体，使之重新混合分散、搅匀。再陆续加入倒出的备用液体，进行搅拌混合，直到颜料被重新混合分散，形成适于使用的均匀色漆，或者已确定用上述操作不能使颜料块重新混合分散成均匀的色漆为止。

沉降程度的评定等级如下。

① 10：完全悬浮。与色漆的原始状态比较，没有变化。

② 8：有明显的沉降触感并且在调刀上出现少量的沉积颜料。用调刀刀面推移没有明显的阻力。

③ 6：有明显的沉降的颜料块。以调刀的自重能穿过颜料块落到容器的底部，用调刀刀面推移有一定的阻力，凝聚部分的块状物可转移到调刀上。

④ 4：以调刀的自重不能落到容器的底部。调刀穿过颜料块，再用调刀刀面推移有困难，而且沿罐边推移调刀刀刃有轻微阻力，但能够容易地将色漆重新混合成均匀的状态。

⑤ 2：当用力使调刀穿透颜料沉降层时，用调刀刀面推移很困难，沿罐边推移调刀刀刃有明显的阻力，但色漆可被重新混合成均匀状态。

⑥ 0：结成很坚硬的块状物。通过手工搅拌，在3~5min内不能再使这些硬块与液体重新混合成均匀的色漆。

4）涂膜颗粒、胶块及刷痕的检查：将贮存后的色漆刷涂于一块试板上，待刷涂的涂膜完全干燥后，检查试板上直径为0.8mm左右的颗粒及更大的胶块，以及由这种颗粒或胶块引起的刷痕。对于不适宜刷涂的涂料，可用200目滤网过滤调稀的被测涂料，观察颗粒或胶块情况。

5）涂膜上的颗粒、胶块或刷痕的评定，每个项目分别按下列六个等级评定：①10—无；②8—很轻微；③6—轻微；④4—中等；⑤2—较严重；⑥0—严重。

注：如试验样品显著增稠，允许用10%以内的溶剂或按产品规定的量稀释后，再进行刷涂试验。

6）黏度变化的检查：如果试样按上述“沉降程度的检查”搅拌后能使所有的沉淀物均匀分散，则不应让色漆重新放置，立即用黏度计测定色漆的黏度。如有未分布均匀的沉淀物或结皮碎块，可用100目筛网过滤之后再行测试。测定黏度时，试样的温度可按产品规定的要求，保持在（23±0.5）℃或（25±1）℃（应注明温度），黏度以s表示，精确到0.1s。

7）黏度变化值的评定：在色漆搅拌均匀并经过滤后，用产品规定的适宜的黏度计测定黏度，根据贮存后黏度与原始黏度的比值百分数，按下列等级评定。

①10：黏度变化值，不大于5%；②8：黏度变化值，不大于15%；③6：黏度变化值，

不大于25%；④4：黏度变化值，不大于35%；⑤2：黏度变化值，不大于45%；⑥0：黏度变化值，大于45%。

5. 检测结果及评定

GB/T 6753.3—1986的最终评定以“通过”或“不通过”为结论性评定。当所有各条评定都为“0”级或只按沉降程度评定为“0”级时，试样被认为“不通过”，其他情况则为“通过”或按产品要求评定。但根据各条评级分数可相对比较各试样的贮存稳定性优劣。

3.7 涂料密度检测

密度指在规定的温度下，单位体积液体的质量，以g/mL表示。测定涂料产品密度的目的，主要是控制产品包装容器中固定容积的质量；在生产中可以利用密度来发现配料是否准确，也可以较快地核对连续几批产品混合后的均匀程度。

测定涂料密度按GB/T 6750—2007《色漆和清漆　密度的测定　比重瓶法》进行。该标准是有关色漆、清漆及相关产品的取样和试验的系列标准之一，规定了使用比重瓶（质量/体积杯），在规定的温度下测定液体色漆、清漆及有关产品密度的方法。该方法适用于试验温度下低、中黏度物料密度的测定。哈伯德比重瓶可用于高黏度物料密度的测定。

1. 相关标准

1）GB/T 3186—2006《色漆、清漆和色漆与清漆用原材料　取样》。

2）GB/T 6682—2008《分析实验室用水规格和试验方法》。

3）GB/T 20777—2006《色漆和清漆　试样的检查和制备》。

2. 检测设备

（1）比重瓶

1）金属比重瓶：容积为50mL或100mL，是用精加工的防腐蚀材料制成的横截面为圆形的圆柱体，上面带有一个装配合适的中心有一个孔的盖子，盖子内侧呈凹形（见图3-7）。

2）玻璃比重瓶：容积为10mL或100mL（盖伊-芦萨克比重瓶或哈伯德比重瓶，见图3-8）。

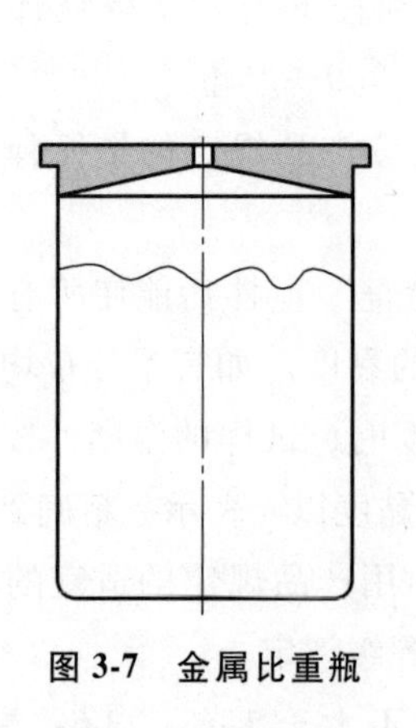

图3-7　金属比重瓶

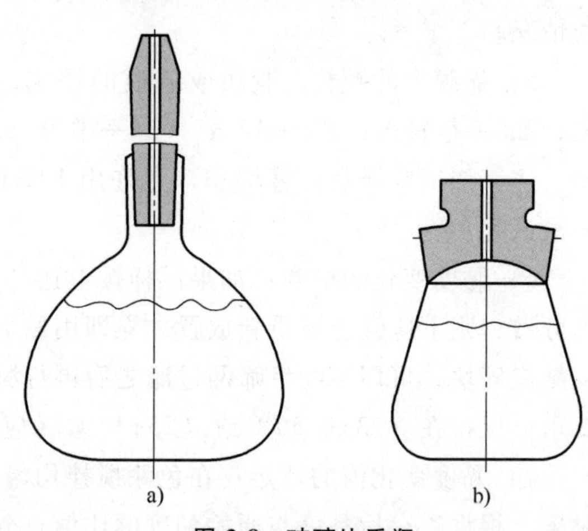

图3-8　玻璃比重瓶

a）盖伊-芦萨克比重瓶　b）哈伯德比重瓶

（2）分析天平　对于50mL以下的比重瓶，分析天平精确到1mg，对于50~100mL的比重瓶，分析天平精确到10mg。

（3）温度计　温度计精确到0.2℃，分度值为0.2℃或更小。

（4）恒温室或水浴　恒温室应能够调节并维持天平、比重瓶或被测试样处于规定或商定的温度，水浴应能够维持比重瓶和被测试样处于规定或商定的温度。

（5）防尘罩。

3. 检测原理

将比重瓶装满被测产品，根据比重瓶内产品的质量和已知的比重瓶体积计算出被测产品的密度。

4. 检测步骤

1）总则：进行两次测定，每次测定应重新取样。比重瓶每隔一段时间应进行校准，如测试了约100次或发现比重瓶有变化时。

2）测定：若在恒温室中测试，则将放入防尘罩内的比重瓶、试样、天平放在恒温室内，使它们处于规定或商定的温度；若用恒温水浴，而不是在恒温室内测试，则将放入防尘罩内的比重瓶和试样放入恒温水浴中，使它们处于规定或商定的温度，大约30min能使温度达到平衡。

① 用温度计测试试样的温度 t_T，在整个测试过程中检查恒温室和水浴的温度是否保持在规定的范围内。

② 称量比重瓶并记录其质量 m_1，容量为50~100mL的比重瓶精确到10mg，小于50mL的比重瓶精确到1mg。

③ 将被测试样注满比重瓶，注意防止比重瓶中产生气泡。塞住或盖上比重瓶，用有吸收性的材料擦去溢出物质，并擦干比重瓶的外部，然后用脱脂棉球轻轻擦拭。

④ 记录注满被测试样的比重瓶的质量 m_2。

注：黏附于玻璃比重瓶的磨口玻璃表面或金属比重瓶的盖子和杯体接触面上的液体都会引起称量读数偏高。为了使误差减至最小，接口应密封严密，防止产生气泡。

5. 检测结果及评定

（1）检测结果计算　通过下式计算在试验温度 t_T 下试样的密度 ρ，以g/mL表示。

$$\rho=\frac{m_2-m_1}{V_t}$$

式中　m_1——空比重瓶的质量（g）；

m_2——试验温度 t_T 下，装满试样的比重瓶的质量（g）；

V_t——试验温度 t_T 下，按照GB/T 6750—2007的附录A所测得的比重瓶的体积（mL）。

注：空气浮力对此结果的影响不用校正，因为大多数注罐机控制程序需要未校正的值，而且校正值（0.0012g/mL）对此方法的精度而言，也是可以忽略不计的。

如果所采用的试验温度不是标准温度，则密度应该用GB/T 6750—2007的附录B中B.2

的相应公式计算。

（2）精密度

1）重复性限（r）：由同一操作者在同一实验室及短时间间隔内，使用该标准试验方法，对同一种试样所测得的两个单次试验结果之差的绝对值是 0.001g/mL 时，可预料结果的置信水平为 95%。

2）再现性限（R）：由不同的操作者在不同的实验室内，使用该标准试验方法，对同一种试样所测得的两个单次试验结果之差的绝对值是 0.002g/mL 时，可预料结果的置信水平为 95%。

注：这些精密度数据取自 DIN 53217-2：1991，用比重杯测定色漆、清漆和相关材料的密度。某些液体色漆产品，特别是那些具有结构黏度或触变性的液体色漆产品，可能达不到上述的精密度。

6. 注意事项

1）温度对密度的影响，与装填性能有非常显著的关系，并且随试样的类型而改变。GB/T 6750—2007 规定试验温度为（23±0.5）℃，也可在其他商定的温度下进行试验。试验时应将被测试样和比重瓶调节至规定或商定的温度，并且应保持测试期间温度变化不超过 0.5℃。

2）操作时，应戴分析手套，避免用手直接接触比重瓶。

3）称量前，应将试样快速注满比重瓶，使易挥发试样质量损失减少到最小限度。

4）当试样注入比重瓶中时，应防止产生气泡。

5）称重前应将溢流口周围的溢出物彻底擦净，保证称量准确性。

3.8 涂料酸值检测

酸值，是在规定试验条件下，中和 1g 树脂所消耗的氢氧化钾的毫克数。酸值的测定是涂料制造过程中的一项重要控制项目，从入厂的原材料、中间产品到成品，都有其控制意义。制漆最常用的植物油，其主要组成是脂肪酸三甘油酯，在贮存过程中因受热、光的作用，以及吸水而分解生产少量游离脂肪酸，其含量过多将影响以后的制漆过程。在生产醇酸树脂的酯化反应的程序，以此来判断反应的终点，成品的酸值同样也影响涂膜性能、贮存稳定性及金属底材的适应性等。

测定涂料酸值的方法按 GB/T 6743—2008《塑料用聚酯树脂、色漆和清漆用漆基　部分酸值和总酸值的测定》执行，该标准规定了测定塑料用聚酯树脂、色漆和清漆用漆基的部分酸值（方法 A）和总酸值（方法 B）的测定方法。该标准不适用于酚醛树脂。该标准旨在提供用于判断产品可接受性的质量控制数据，并在研究和生产中用来控制缩聚反应的完成情况。

1. 部分酸值（方法 A）

部分酸值是指中和树脂中所有的羧基、游离酸及部分游离酸酐的酸值。

（1）相关标准

1）GB/T 1725—2007《色漆、清漆和塑料　不挥发物含量的测定》。

2）GB/T 6682—2008《分析实验室用水规格和试验方法》。

3）GB/T 12805—2011《实验室玻璃仪器　滴定管》。

（2）检测试剂与设备

1）试验试剂均应采用分析纯试剂，并使用符合 GB/T 6682—2008 规定的纯度至少三级的水。

① 脱除碳酸盐的 0.1mol/L 或 0.5mol/L 的氢氧化钾乙醇标准滴定溶液或氢氧化钾甲醇标准滴定溶液。

② 丙酮：水的质量分数不超过 0.3%。

③ 无水乙醇：水的质量分数不超过 0.2%。

④ 无水甲醇：质量分数为 99.8%。

⑤ 无水甲苯：水的质量分数不超过 0.005%。

⑥ 吡啶：水的质量分数不超过 0.05%。

警告：吡啶是有毒、易燃的。取样时应采取适当的保护措施，避免吡啶接触皮肤或眼睛。为了避免吸入吡啶蒸气，应使用良好的通风装置。

⑦ 甲乙酮：水的质量分数不超过 0.01%。

⑧ 指示剂（可选择）：溴百里酚蓝指示剂（0.1% 的乙醇溶液）；酚酞（1% 的乙醇溶液）。

⑨ 方法 A 溶剂：混合溶剂由 2 体积的无水甲苯和 1 体积的无水乙醇组成。

预先用氢氧化钾标准滴定溶液中和混合溶剂，电位滴定法或指示剂滴定法滴定中如果以酚酞作为指示剂，那么中和时所用指示剂应与测定时所用指示剂一样。

2）试验器皿：采用普通实验室玻璃器皿及以下仪器。

① 锥形瓶：容量为 100mL 和 250mL 的广口瓶。

② 锥形瓶：带有磨口玻璃塞的容量为 250mL 的细口瓶。

③ 滴定管：符合 GB/T 12805—2011 要求，容量为 25mL（精度为 0.05mL）。

④ 磁力搅拌器。

⑤ 移液管：容量为 25mL 和 50mL。

⑥ 自动移液管：容量为 25mL、50mL 和 60mL。

3）天平：精确到 1mg。

4）电位滴定仪：由合适的电位计、玻璃参比电极系统及滴定台组成。

（3）检测原理

1）总则：试验样品中包含的游离酸/酸酐用氢氧化钾标准滴定溶液滴定，滴定方法选用电位滴定法或指示剂滴定法。

2）部分酸值原理：称取一定质量的树脂，溶解在混合溶剂中。使用电位滴定法，将氢氧化钾乙醇标准滴定溶液滴加到该溶液中，将中和 1g 树脂所消耗的氢氧化钾的毫克数代入计算。方法 A 适用于色漆和清漆用漆基（通常仅含有少量游离酸酐），同时也适用于不饱和聚酯树脂。

（4）检测步骤

1）样品取样：按表3-5列出的试样的质量称取适量的试样。

表3-5　试样的质量

估算的酸值(以KOH计)/(mg/g)	试样的近似质量/g
0~5	≥16
>5~10	8
>10~25	4
>25~50	2
>50~100	1
>100	0.7

2）部分酸值应平行测定两次。

① 电位滴定法步骤：称取试样于250mL广口锥形瓶中，精确至0.001g（m_1）。用移液管移入50mL混合溶剂（方法A溶剂：2体积的无水甲苯和1体积的无水乙醇组成），混合至树脂完全溶解。

如果5min后样品不能完全溶解，则再制备一份样品，用50mL混合溶剂（方法A溶剂：2体积的无水甲苯和1体积的无水乙醇组成）和25mL丙酮溶解样品。

将锥形瓶放置在滴定台上，调整位置使电极能刚好浸没于溶液中。用滴定管中的氢氧化钾标准滴定溶液（脱除碳酸盐的0.1mol/L或0.5mol/L的氢氧化钾乙醇标准滴定溶液或氢氧化钾甲醇标准滴定溶液）进行电位滴定。记录达到终点（滴定曲线的转折点）时消耗的氢氧化钾标准滴定溶液的体积（V_1），以mL表示。

以同样的方法进行空白测试，加入50mL混合溶剂，如果需要，再加入25mL丙酮。记录消耗的氢氧化钾标准滴定溶液的体积（V_2），以mL表示。如混合溶剂经过了正确的中和，空白试验结果应为零。

② 指示剂滴定法步骤：作为一种选择，指示剂可用来代替电位滴定仪，步骤如下。

向已溶解的试样中加入至少3滴酚酞溶液（酚酞：1%的乙醇溶液），用滴定管中的氢氧化钾标准滴定溶液滴定至出现红色，在搅拌下稳定至少10s。如果酚酞的变色不够明显，则应选择其他的指示剂，如5滴溴百里酚蓝（溴百里酚蓝指示剂：0.1%的乙醇溶液），终点蓝色保持20~30s，记录消耗的氢氧化钾标准滴定溶液体积（V_1），以mL表示。

加入50mL混合溶剂进行空白测试，如果需要，再加入25mL丙酮。加入等量的指示剂，以树脂测试时终点显示的颜色作为滴定终点。记录消耗的氢氧化钾标准滴定溶液的体积（V_2），以mL表示。如果混合溶剂经过了正确的中和，空白试验结果应为零（中和混合溶剂与测试样品应使用相同的指示剂）。

（5）检测结果及评定

1）样品的部分酸值（PAV）的计算（溶剂或稀释剂中的固体树脂）：对于每次测定，部分酸值用每克试样消耗的氢氧化钾毫克数来表示，即

$$\mathrm{PAV}=\frac{56.1(V_1-V_2)c}{m_1}$$

式中　56.1——常数，氢氧化钾的摩尔质量（g/mol）；

m_1——试样的质量（g）；

V_1——中和树脂溶液消耗的氢氧化钾标准滴定溶液的体积（mL）；

V_2——空白试验消耗的氢氧化钾标准滴定溶液的体积（mL）；

c——氢氧化钾标准滴定溶液的浓度（mol/L）。

2）固体树脂部分酸值的计算（PAV_s）：作为一种选择，固体树脂的部分酸值也可以计算（如醇酸树脂）。首先按 GB/T 1725—2007 的规定测定树脂的不挥发物，然后测定固体树脂的部分酸值，以每克试样消耗的氢氧化钾毫克数表示，即

$$PAV_s = \frac{100PAV}{NV}$$

式中　NV——按 GB/T 1725—2007 的规定测定的不挥发物含量，以质量分数表示。

3）结果的表示：可以表示成固体树脂的酸值或稀释在溶剂（或稀释剂）中树脂的酸值。结果的表示方式应在试验报告中注明。

如果两个结果与平均值之间的差值超过 3%，则重复上述操作。

2. 总酸值（方法 B）

总酸值是指中和树脂中所有的羧基、游离酸及所有游离酸酐的酸值。

（1）相关标准

1）GB/T 1725—2007《色漆、清漆和塑料　不挥发物含量的测定》。

2）GB/T 6682—2008《分析实验室用水规格和试验方法》。

3）GB/T 12805—2011《实验室玻璃仪器　滴定管》。

（2）检测试剂与设备

1）试验试剂均应采用分析纯试剂，并使用符合 GB/T 6682—2008 规定的纯度至少三级的水。

① 脱除碳酸盐的 0.1mol/L 或 0.5mol/L 的氢氧化钾乙醇标准滴定溶液或氢氧化钾甲醇标准滴定溶液。

② 丙酮：水的质量分数不超过 0.3%。

③ 无水乙醇：水的质量分数不超过 0.2%。

④ 无水甲醇：质量分数为 99.8%。

⑤ 无水甲苯：水的质量分数不超过 0.005%。

⑥ 吡啶：水的质量分数不超过 0.05%。

警告：吡啶是有毒、易燃的。取样时应采取适当的保护措施，避免吡啶接触皮肤或眼睛。为了避免吸入吡啶蒸气，应使用良好的通风装置。

⑦ 甲乙酮：水的质量分数不超过 0.01%。

⑧ 指示剂（可选择）：溴百里酚蓝指示剂（0.1% 的乙醇溶液）；酚酞（1% 的乙醇溶液）。

⑨ 方法 B 溶剂：混合溶剂由 400mL 吡啶、750mL 甲乙酮和 50mL 水组成。

2）试验仪器：采用普通实验室玻璃器皿及以下仪器。

① 锥形瓶：容量为 100mL 和 250mL 的广口瓶。

② 锥形瓶：带有磨口玻璃塞的容量为 250mL 的细口瓶。

③ 滴定管：符合 GB/T 12805—2011 要求，容量为 25mL（精度为 0.05mL）。

④ 磁力搅拌器。

⑤ 移液管：容量为 25mL 和 50mL。

⑥ 自动移液管：容量为 25mL、50mL 和 60mL。

⑦ 天平：精确到 1mg。

⑧ 电位滴定仪：由合适的电位计、玻璃参比电极系统及滴定台组成。

（3）检测原理

1）总则：试验样品中包含的游离酸/酸酐用氢氧化钾标准滴定溶液滴定，滴定方法选用电位滴定法或指示剂滴定法。

2）总酸值原理：称取一定质量的树脂，溶解在含水的混合溶剂中。首先让游离酸酐水解 20min，然后用电位滴定法将氢氧化钾乙醇标准滴定溶液滴加到该溶液中，将中和 1g 树脂所消耗的氢氧化钾的毫克数代入计算。方法 B 适用于游离酸酐含量较大的不饱和树脂。

注 1：两种方法也可以选用指示剂滴定法。

注 2：当滴定纯马来聚酯树脂时，最好使用氢氧化钾甲醇溶液。

（4）检测步骤

1）样品取样：按表 3-5 列出的试样的质量称取适量的试样。

2）方法 B 总酸值应平行测定两次。

① 电位滴定法步骤：称取试样于 250mL 细口锥形瓶中，精确至 0.001g（m_2）。用移液管移取 60mL 混合溶剂（方法 B 溶剂：400mL 吡啶、750mL 甲乙醇和 50mL 水组成）于锥形瓶中。塞上塞子，将锥形瓶置于磁力搅拌器上。搅拌试样直至其全部溶解。持续搅拌 20min，使酸酐完全水解。如果需要得到完全溶解的样品，可对锥形瓶进行加热。用水浴和冷凝器冷却锥形瓶，然后让其自然冷却至室温。

将锥形瓶放置在滴定台上，调整位置使电极能刚好浸没于溶液中。用滴定管中的氢氧化钾标准滴定溶液（脱除碳酸盐的 0.1mol/L 或 0.5mol/L 的氢氧化钾乙醇标准滴定溶液或氢氧化钾甲醇标准滴定溶液）进行电位滴定。记录达到终点（滴定曲线的转折点）时消耗的氢氧化钾溶液的体积（V_3），以 mL 表示。

以同样的方法进行空白测试，加入 60mL 混合溶剂。记录消耗的氢氧化钾标准滴定溶液的体积（V_4），以毫升（mL）表示。如果混合溶剂经过了正确中和，空白试验结果应为零。

② 指示剂滴定法步骤：作为一种选择，也可以使用指示剂，步骤如下。

向已溶解的试样中加入至少 5 滴酚酞溶液（酚酞：1%的乙醇溶液），用滴定管中的氢氧化钾标准滴定溶液进行滴定，在搅拌下使溶液的颜色保持淡红色 20~30s。记录消耗的氢氧化钾标准滴定溶液体积（V_3），以 mL 表示。

以同样的方法进行空白测试，加入 60mL 混合溶剂和至少 5 滴酚酞溶液。以树脂测试时终点显示的颜色作为滴定终点。记录消耗的氢氧化钾标准滴定溶液的体积（V_4），以 mL 表示。如果混合溶剂经过了正确中和，空白试验结果应为零（中和混合溶剂与测试样品应使用相同的指示剂）。

（5）检测结果及评定

1）试样总酸值（TAV）的计算（溶剂或稀释剂中的固体树脂）：对于每次测定，总酸值用每克试样消耗的氢氧化钾毫克数来表示，即

$$\mathrm{TAV}=\frac{56.1(V_3-V_4)c}{m_2}$$

式中　56.1——常数，氢氧化钾的摩尔质量（g/mol）；

m_2——试样的质量（g）；

V_3——中和树脂溶液消耗的氢氧化钾标准滴定溶液的体积（mL）；

V_4——空白试验消耗的氢氧化钾标准滴定溶液的体积（mL）；

c——氢氧化钾标准滴定溶液的浓度（mol/L）。

2）固体树脂总酸值的计算（$\mathrm{TAV_s}$），作为一种选择，固体树脂的总酸值也可以计算（如醇酸树脂）。首先按GB/T 1725—2007规定测定树脂的不挥发物。然后测定固体树脂的总酸值（$\mathrm{TAV_s}$），用每克试样消耗的氢氧化钾毫克数来表示，如下式：

$$\mathrm{TAV_s}=\frac{100\mathrm{TAV}}{\mathrm{NV}}$$

式中　NV——按GB/T 1725—2007的规定测定的不挥发物含量，以质量分数表示。

3）结果的表示：可以表示成固体树脂的酸值或稀释在溶剂（或稀释剂）中树脂的酸值。结果的表示方式应在试验报告中注明。

如果两个结果与平均值之间的差值超过3%，则重复上述操作。

3. 精密度

法国在1995年组织了循环试验，得出了方法A和方法B的精密度（95%的置信水平）：15<酸值<25，$s_r=0.23$，$r=0.6$，$s_R=0.74$，$R=2$。其中，s_r表示实验室内的标准偏差；s_R表示实验室间的标准偏差；r表示重复性限（绝对值），即由同一操作者在同一实验室用同一设备在短时间间隔内，采用该标准试验方法，对同一材料进行试验所得到的两个单独试验结果（每个试验结果为重复试验结果的平均值）之间的绝对差低于该数值；R表示再现性限（绝对值），即在不同的实验室由不同的操作者，采用该标准试验方法时，对同一试验材料进行试验所得到的两个单独试验结果（每个试验结果为重复试验结果的平均值）之间的绝对差低于该数值。

第 4 章 涂料施工性能检测

涂料施工性能是指涂料在施工过程中表现出来的性能及施工参数。涂料施工性能是评价涂料产品质量好坏的一个重要方面，反映涂料施工性能的检测项目很多，具体指标有涂料流平性、抗流挂性、遮盖力、干燥时间、涂膜厚度、打磨性等。

4.1 涂料流平性检测

流平性是指涂料在施工后，其涂膜由不规则、不平整的表面（涂于物体表面时留下的刷痕或橘皮），流展成平坦而光滑表面的能力，即形成平整涂膜的能力。流平性是衡量涂料涂装性能的一个重要指标。

涂料流平是重力、表面张力和剪切力的综合效果，这与涂料的组成、性能和施工方式等有关。另外，涂料中若加入硅油、乙酸纤维素等溶剂，也可直接改善涂膜的流平性。

涂料流平性测定方法可分为刷涂法、喷涂法和刮涂法。将油漆刷涂、喷涂或刮涂于表面平整的试板上，以刷纹消失和形成平滑涂膜表面所需时间（min）表示。

1. 相关标准

GB/T 1727—2021《漆膜的一般制备法》。

2. 仪器设备

1）马口铁板：表面平整，尺寸为50mm×120mm×(0.2~0.3) mm。

2）卡纸：黑白各半测试卡纸。

3）漆刷：宽25~35mm。

4）喷枪：喷嘴内径为0.75~2mm。

5）秒表：分度值为0.2s。

6）流平测试器：一个耐腐蚀、不锈钢结构的刮涂器，其上切口有一组间隔相等的五对凹槽，槽深分别为100μm、200μm、300μm、500μm和1000μm。

3. 检测原理

将涂料喷涂或刷涂于表面平整的马口铁板上，观察涂漆表面达到均匀、光滑、无皱或刷痕消失，形成完全平整的表面所需的时间。涂料流平性合格与否按产品标准规定。涂料在刷涂时可以理解为涂膜上刷痕消失的过程；喷涂时则可理解为喷雾粒痕消失的过程。

4. 检测步骤

（1）刷涂法 在恒温恒湿的条件下，用漆刷在马口铁板上制备涂膜。刷涂时，应迅速先纵向后横向地涂刷，涂刷时间不多于 3min。然后在试板中部纵向地由一边到另一边涂刷一道（有刷痕而不露底）。自涂刷离开试板的同时，开动秒表，测定涂刷划过的刷痕消失和形成完全平滑涂膜表面所需的时间，合格与否按产品标准规定。

（2）喷涂法 在马口铁板表面制备涂膜，将试板置于恒温恒湿的条件下，观察涂膜表面达到均匀、光滑、无皱（无橘皮）状态所需的时间，合格与否按产品标准规定。

（3）刮涂法 在恒温恒湿条件下，用流平试验器将试样刮涂于测试卡纸上，产生五对各种涂膜厚度的条纹。保持测试卡纸的水平位置，观察其中哪一对条纹并拢在一起，并记录并拢的时间。

5. 检测结果及评定

1）刷涂法测定涂刷划过的刷痕消失和形成完全平滑涂膜表面所需的时间。

2）喷涂法测定涂膜表面达到均匀、光滑、无皱（无橘皮）状态所需的时间。

3）刮涂法观察哪一对条纹并拢在一起，并记录并拢的时间。

6. 注意事项

1）测定前，要观察秒表是否在检定时间内，必须用检定合格的秒表进行试验。

2）在刷涂法中，要严格按照标准的刷涂顺序进行试验。

4.2 涂料抗流挂性检测

抗流挂性是指在规定的施涂条件、底材和环境条件下，倾斜放置的试板在干燥过程中不会产生流动趋势的最大湿膜厚度 μm 表示，这种流动被称为流挂。流挂的典型表观特征通常有流淌状、泪滴状、幕状和垂挂状。

发生流挂的起因主要是涂料的流动特性不适宜，或者是涂层过厚，超过涂料可能达到的限度。另外，涂装环境和施工条件不合适也会造成流挂现象。涂料的流挂速度与涂料黏度成反比、与涂层厚度的二次方成正比。涂膜的流挂性不符合标准规定，干后就难得到平整均匀的涂膜，既影响装饰外观，又影响各项保护性能。

涂料抗流挂性检测标准为 GB/T 9264—2012《色漆和清漆 抗流挂性的评定》，该标准规定了一种采用施涂在底材上并以垂直位置放置来评定色漆、清漆和类似的涂覆材料抗流挂性的方法。涂料的施涂方式可以采用带刻度的流挂涂布器施涂和喷枪施涂两种操作。该标准的方法只适用于液体涂料。

1. 方法一：带刻度的流挂涂布器施涂

带刻度的流挂涂布器施涂是日常检验常用的检测方法，检测结果也是以质量控制为主要目的。在以质量控制为目的的检验操作、以通过或不通过（合格或不合格）来表示前提前，可以不进行实际湿膜厚度的测量。

（1）相关标准

1）GB/T 3186—2006《色漆、清漆和色漆与清漆用原材料 取样》。

2）GB/T 6753.2—1986《涂料表面干燥试验　小玻璃球法》。

3）GB/T 9271—2008《色漆和清漆　标准试板》。

4）GB/T 9278—2008《涂料试样状态调节和试验的温湿度》。

5）GB/T 9751.1—2008《色漆和清漆　用旋转黏度计测定黏度　第1部分：以高剪切速率操作的锥板黏度计》。

6）GB/T 13452.2—2008《色漆和清漆　漆膜厚度的测定》。

7）GB/T 20777—2006《色漆和清漆　试样的检查和制备》。

（2）检测设备

1）带刻度的流挂涂布器（刮涂器），其结构及规格要求如下。

① 流挂涂布器的一端到另一端，间隙凹槽深度应呈均匀的阶梯式变化。

② 流挂涂布器内间隙凹槽之间的间隔应是统一的，应为间隙凹槽宽度的25%，容许偏差为±0.25mm。

③ 流挂涂布器内间隙凹槽宽度应是统一的，并且宽度应限制在6mm，容许偏差为±0.25mm。

2）试板：尺寸为200mm×120mm×(2~3) mm的表面平整光滑的玻璃板或其他商定的试板。

3）湿膜厚度测定仪。

（3）检测原理　在试板上施涂检测样品，并沿试板刮拉流挂涂布器。将试板垂直放置，记下每一块试板上没有流挂痕迹的最厚的一条涂膜，在第三块试板上测量每一条涂膜的实际湿膜厚度。

（4）检测步骤

1）水平放置试板，并使之固定放置于牢固表面的一张纸上。

2）将带刻度的流挂涂布器放在水平试板的一端，其间隙缺口向下。

3）将足够的样品对着流挂涂布器靠近间隙缺口的边缘处倒下，避免形成气泡。确保有足够的样品可使流挂涂布器刮拉至少100mm的距离而形成合适的涂膜条带，将过量的样品刮到试板底端和下面的纸上。

4）立即把试板垂直放置，漆条呈水平，并且使最小涂膜厚度的条带在最上面。

5）将试板放置在温度为（23±2)℃、相对湿度为（50±5)%的标准条件下，使空气干燥样品达到表干状态。

（5）检测结果及评定

1）检测结果如下。

① 直接观测，以质量控制为目的（按涂料产品判定标准要求的湿膜厚度）：同一样品以三块试板进行平行检测。检测结果以不少于两块试板测得的涂膜不流挂的最深湿膜厚度一致来表示，以μm计。

② 湿膜厚度测定仪检测结果：以未观测到流挂的最高间隙深度（μm），以及相应于该间隙深度的实际测得的湿膜厚度（μm）表示。如果两块试板得到的结果不同，则报告两结果中较小值为抗流挂性的结果。

如果两块试板得到的结果之差大于流挂涂布器上的一个间隙深度，则应重新进行测试。

2）检测评定如下。

① 如果允许涂膜闪干，通过识别每块试板上有没有流挂的最下面（最厚）的漆条来评定。

② 在第三块试板上进行湿膜厚度的测量，测定没发生流挂的流挂涂布器的最大间隙深度处对应的实际湿膜厚度。

③ 评定仅以施涂涂料的中间部分为准，弃去条带在刮涂开始和终了的部分（正常为10mm），因为这里的涂膜厚度可能不一致。

（6）注意事项

1）充分搅匀样品，将足够量的样品放在刮涂器前面凹槽口处。

2）由于涂料流变性不同，流挂可能在施涂后立即发生或施涂几分钟后发生，所以重要的是在施涂与测定之间留有充分的时间，以保证在稍后的时间内该涂料不会流挂。

3）当用刷涂或其他实际施工方法施涂触变性漆时会发生结构变化，为重现这一过程，在用刮涂法进行流挂试验时，必须有一个预检过程，因此程序应包括施涂之前涂料的预检过程。旋转速度与搅拌时间应由有关双方商定。

4）刮涂后得到的湿膜厚度取决于涂料的黏度、流变性和刮涂速度，其数值小于刮涂器的间隙深度。因此，必须测定施涂时实际的湿膜厚度并记录不发生流挂的最大间隙深度和湿膜厚度。

5）如果检测是以质量控制为目的，以通过或不通过（合格或不合格）来表示，那么可以不必进行实际湿膜厚度的测量。

6）必须确保试板及刮涂器清洁且干燥。如有需要，用合适的溶剂清洗，并用干净的纸巾或不起毛的布擦干。

2. 方法二：喷枪施涂

喷枪施涂是GB/T 9264—2012中新增的检验方法，不适用于以质量控制为目的的检测工作。

（1）相关标准

1）GB/T 3186—2006《色漆、清漆和色漆与清漆用原材料 取样》。

2）GB/T 6753.2—1986《涂料表面干燥试验 小玻璃球法》。

3）GB/T 9271—2008《色漆和清漆 标准试板》。

4）GB/T 9278—2008《涂料试样状态调节和试验的温湿度》。

5）GB/T 9751.1—2008《色漆和清漆 用旋转黏度计测定黏度 第1部分：以高剪切速率操作的锥板黏度计》。

6）GB/T 13452.2—2008《色漆和清漆 漆膜厚度的测定》。

7）GB/T 20777—2006《色漆和清漆 试样的检查和制备》。

（2）检测设备

1）喷涂装置：根据涂料施涂需要，可以选用无气喷涂装置或有气喷涂装置。

2）标注试板：采用GB/T 9271—2008中规定的标准试板。

3）湿膜厚度测定仪。

（3）检测原理　垂直放置一块试板，并喷涂厚度均匀的样品。在试板上面画一条横线，在一定时间后，记录任何流挂的痕迹。重复试验，增加或减少涂膜厚度，直至得到没有流挂痕迹的最大厚度的涂膜为止。

（4）检测步骤

1）垂直放置试板，并仔细地将涂料均匀地喷涂于试板上，得到要求的湿膜厚度的涂层（由于用喷枪获得均匀的涂膜厚度更困难，建议用喷枪施涂涂料的人员应对操作设备具有足够的经验）。

2）按 GB/T 13452.2—2008 中规定的方法验证湿膜厚度的均匀性。任何显示有涂膜厚度不均匀迹象的试板都不得用于评定。

3）读取湿膜厚度测量值后，立即横跨试板划一根水平细线，距离顶端约 150mm，但要避开湿膜厚度测量流下的痕迹，划透湿膜并显露出底材。

4）立即再校核水平划线上方的湿膜厚度并记录。

5）从喷涂区立即取出试板，使涂膜于垂直位置闪干，按下列检测结果规定评定。

（5）检测结果及评定

1）检测结果：未观察到流挂的湿膜厚度，以 μm 表示。

2）检测结果评定如下。

① 划水平线后立即检查试板的流挂痕迹，经过适宜的闪干时间后也应检查试板的流挂痕迹（根据涂料流变性的不同，流挂几乎可以在施涂后立即观察到，或需要几分钟时间才可观察到；涂料一旦表干，就可以重新检查所有的试板）。

② 如果涂膜厚超过涂料抗流挂的厚度，则水平划线位置将开始被填满，移动或完全消失，即发生了流挂。

③ 评定整块试板区域诸如泪珠状、流淌状和流挂状等缺陷情况，包括划线标记处的情况。

④ 用一块新的试板重新喷涂和测定，当在第一块试板上观察到有流挂迹象时，喷涂较低的湿膜厚度；当没有观察到流挂痕迹时，喷涂较高的湿膜厚度。

⑤ 按需要进行重复测定，直至测得无流挂痕迹的最高湿膜厚度为止。

4.3　涂料遮盖力检测

遮盖力是将有色、不透明的涂料均匀地涂在物体表面上，遮盖底材颜色或色差的能力。

涂料的遮盖力是其施工性能的重要指标之一，遮盖力好的色漆只需要一道漆或两道漆就可以遮住底材，涂料用量少，可节省施工成本；同样质量的涂料产品，在相同的施工条件下，遮盖力高的就可比遮盖力低的产品涂装更大的面积。

涂膜对底材的遮盖能力，主要取决于涂膜中的颜料对光的散射和吸收程度，也取决于颜料和漆料两者折光率之差。对于一定类型的颜料，为了获得理想的遮盖力，颜料颗粒的大小和它在漆料中的分散程度也是很重要的。

遮盖力检测主要是针对色漆的检测，色漆的测定方法有目视法（GB/T 23981.2—2023《色漆和清漆　遮盖力的测定　第2部分：黑白格板法》）和反射率对比法（GB/T 23981.1—2019《色漆和清漆　遮盖力的测定　第1部分：白色和浅色漆对比率的测定》）。由于目测黑白格板遮盖力有时终点不明确，人员误差比较大，所以对白色和浅色漆用反射率仪对遮盖力进行测定，可直接用对比率表示。

单位面积质量法适用于色漆遮盖力的测定，采用目视法，将色漆涂布在黑白格玻璃板或玻璃板等物体表面上，记录使其底色不再呈现的最小用漆量。一般用两种方式来表示：一是测定覆盖单位面积所需的最小用漆量，以 g/m^2 表示；二是测定遮盖住底色所需的最小湿膜厚度，以 μm 表示。具体测量方法分为刷涂法和喷涂法。

1. 刷涂法

（1）相关标准　GB/T 3186—2006《色漆、清漆和色漆与清漆用原材料　取样》。

（2）检测设备

1）漆刷：宽 25~35mm。

2）天平：分度值为 0.001g。

3）黑白格玻璃板：黑白格玻璃板（刷涂法）尺寸如图 4-1 所示。

4）木质暗箱：尺寸为 600mm×500mm×400mm，箱内用 3mm 厚的磨砂玻璃将箱体分为上下两部分，磨砂玻璃的磨面向下，使光线均匀，暗箱上部平行装置 15W 荧光灯 2 支，前面安装一挡光板，下部正面敞开用于检验，内壁涂上无光黑漆。

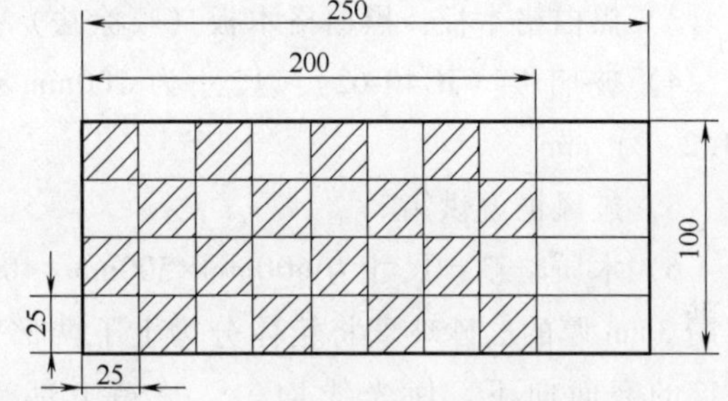

图 4-1　黑白格玻璃板（刷涂法）尺寸

（3）检测原理　采用目视法，将色漆均匀涂布在黑白格玻璃板表面，使其底色不再呈现的最小用漆量，以 g/m^2 表示（以湿涂膜或干膜计）。

（4）检测步骤

1）根据产品标准规定的黏度，在分度值为 0.001g 的天平上称出盛有油漆的杯子和漆刷的总质量。

2）用漆刷将油漆均匀地涂刷在黑白格玻璃板上，放入暗箱内，距离磨砂玻璃片 15~20cm，有黑白格的一端与平面倾斜成 30°~45°交角，在 1 支或 2 支荧光灯下观察，以都刚刚看不见黑白格为终点。

3）然后将盛有余漆的杯子和漆刷一起称量，求出黑白格玻璃板上的油漆质量。

（5）检测结果及评定

1）检测结果：刷涂法遮盖力 X（g/m^2）按下式计算（以湿膜计）。

$$X=\frac{m_1-m_2}{S}\times 10^4=50(m_1-m_2)$$

式中　m_1——未涂刷前盛有油漆的杯子和涂刷的总质量（g）；

m_2——涂刷后盛有余漆的杯子和漆刷的总质量（g）；

S——黑白格玻璃板涂漆的面积（cm^2）。

2）检测结果评定：平行测定两次，结果之差不大于平均值的 5%，则取其平均值，否则，须重新试验。

（6）注意事项

1）当黏度太大无法涂刷时，则将试样调至涂刷黏度，但稀释剂用量应在计算遮盖力时扣除。

2）在暗箱中观察时，浅色漆宜用 1 支荧光灯，深色漆宜用 2 支荧光灯。

3）涂刷时要快速均匀，不应将油漆刷在板的边缘。

2. 喷涂法

（1）相关标准

1）GB/T 3186—2006《色漆、清漆和色漆与清漆用原材料　取样》。

2）GB/T 1727—2021《漆膜一般制备法》。

（2）检测设备

1）喷枪：喷嘴内径为 0.75~2mm。

2）天平：分度值为 0.001g。

3）黑白格木板：黑白格木板（喷涂法）尺寸如图 4-2 所示。

4）玻璃板（JG40-62）：尺寸为 100mm×100mm×（1.2~2）mm。

5）鼓风恒温烘箱。

6）木质暗箱：尺寸为 600mm×500mm×400mm，箱内用 3mm 厚的磨砂玻璃将箱体分为上下两部分，磨砂玻璃的磨面向下，使光线均匀，暗箱上部平行装置 15W 荧光灯 2 支，前面安装一挡光板，下部正面敞开用于检验，内壁涂上无光黑漆。

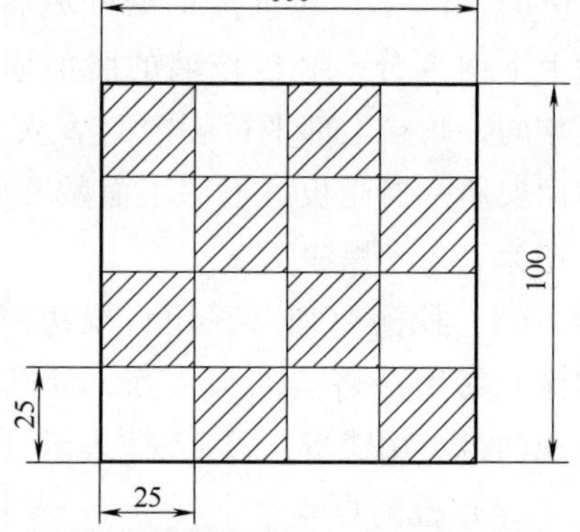

图 4-2　黑白格木板（喷涂法）尺寸

（3）检测原理　采用目视法，将色漆涂布在玻璃板表面，将玻璃板放在黑白格木板上，至看不见黑白格为止，将所用涂料量称重，即可得出遮盖力，以 g/m^2 表示（以湿涂膜或干膜计）。

（4）检测步骤

1）在分度值为 0.001g 的天平上分别称出两块尺寸为 100mm×100mm 的玻璃板质量。

2）将样品调到适于喷涂的黏度，按 GB/T 1727—2021 规定的喷涂法操作，用喷枪薄薄地分层喷涂。

3）每次喷涂后将玻璃板放在黑白格木板上，置于暗箱内，距离磨砂玻璃片 15~20cm，有黑白格的一端与平面倾斜成 30°~45°交角，在 1 支或 2 支荧光灯下进行观察，以都刚刚看不见黑白格为终点。

4）然后把玻璃板背面和边沿的漆擦净，各种喷涂漆类按固体含量中规定的烘干温度烘干至恒重。

（5）检测结果及评定

1）检测结果：喷涂法遮盖力 X（g/m^2）按下式计算（以干膜计）。

$$X=\frac{m_2-m_1}{S}\times10^4=100(m_1-m_2)$$

式中　m_1——未喷涂前玻璃板的质量（g）；

m_2——喷涂膜恒重后的玻璃板质量（g）；

S——玻璃板喷涂漆的面积（cm^2）。

2）检测结果评定：平行测定两次，结果之差不大于平均值的5%，则取其平均值，否则，须重新试验。

（6）注意事项

1）当黏度太大无法涂刷时，则将试样调至涂刷黏度，但稀释剂用量应在计算遮盖力时扣除。

2）在暗箱中观察时，浅色漆宜用1支荧光灯，深色漆宜用2支荧光灯。

4.4　干燥时间检测

干燥也称固化，指涂料由液态涂膜变成固态涂膜的全部转变过程。干燥的转变过程习惯上可分为表面干燥、实际干燥和完全干燥三个阶段。由于涂料的完全干燥所需的时间较长，故涂料性能中一般只测定表面干燥时间和实际干燥时间两项，以h或min表示。

通过这个项目的检测，可以看出油基涂料所用的油脂的质量和吹干剂的比例是否合适，挥发性漆中的溶剂品种和质量是否符合要求，双组分漆的配比是否适当。

4.4.1　表面干燥时间检测

表面干燥时间指一定厚度的液体涂膜在规定的干燥条件下，表面形成膜的时间，即表干时间，以h或min表示。表干时间的测定方法有吹棉球法、指触法、小玻璃球法。

测定表干时间的国家标准为GB/T 1728—2020《漆膜、腻子膜干燥时间测定法》和GB/T 6753.2—1986《涂料表面干燥试验　小玻璃球法》，在日常检验工作中常使用GB/T 1728—2020。

1. 漆膜、腻子膜干燥时间测定法

漆膜、腻子膜干燥时间测定法适用于涂膜、腻子膜干燥时间的测定，在标准中测定表干时间的方法有甲法（吹棉球法）和乙法（指触法）。

（1）甲法（吹棉球法）

1）相关标准如下。

① GB/T 3186—2006《色漆、清漆和色漆与清漆用原材料　取样》。

② GB/T 9278—2008《涂料试样状态调节和试验的温湿度》。

③ GB/T 1727—2021《漆膜一般制备法》。

④ GB/T 9271—2008《色漆和清漆　标准试板》。

⑤ GB/T 13452.2—2008《色漆和清漆　漆膜厚度的测定》。

2）检测设备如下。

① 脱脂棉球：约 1cm^3 疏松棉球。

② 刷子：软毛刷。

③ 计时器：秒表或时钟。

3）检测原理：按产品标准规定的干燥条件进行干燥，每隔若干时间或到达产品标准规定时间，将棉球轻轻放置在涂膜表面，用嘴吹动棉球且不留有棉丝，即认为表面干燥。

4）检测步骤如下。

① 制备涂膜试板，按 GB/T 9271—2008 的规定处理每一块试板。

② 制备涂膜，按 GB/T 1727—2021 的规定在马口铁板或产品标准规定的底材上制备涂膜。

③ 控制涂膜厚度，按 GB/T 13452. 2—2008 中规定的一种方法测定涂层的干膜厚度。

④ 按产品标准规定的干燥条件进行干燥［除另有说明，在温度为（23±2）℃，相对湿度为（50±5）%的条件下进行干燥］，每隔若干时间或到达产品标准规定时间，在涂膜表面轻轻放上一个脱脂棉球，用嘴距棉球 10～15cm，沿水平方向轻吹棉球，若能吹走且膜面不留有棉丝，即认为表面干燥。

5）检测结果及评定如下。

① 检测结果：记录达到表面干燥所需的最长时间，以 h 或 min 表示。

② 检测结果评定：按规定的表面干燥时间判定为“通过”或“未通过”。

6）注意事项如下。

① 烘干漆应在标准规定温度下烘烤。

② 烘干涂膜和腻子膜从电热鼓风箱中取出后，应在恒温恒湿条件下放置 30min 后测试。

（2）乙法（指触法）

1）相关标准如下。

① GB/T 3186—2006《色漆、清漆和色漆与清漆用原材料　取样》。

② GB/T 9278—2008《涂料试样状态调节和试验的温湿度》。

③ GB/T 1727—2021《漆膜一般制备法》。

④ GB/T 9271—2008《色漆和清漆　标准试板》。

⑤ GB/T 13452. 2—2008《色漆和清漆　漆膜厚度的测定》。

2）检测设备如下。

① 刷子：软毛刷。

②计时器：秒表或时钟。

3）检测原理：按产品标准规定的干燥条件进行干燥，每隔若干时间或到达产品标准规定时间，在距膜面边缘不小于 1cm 的范围内，用手指轻触涂膜表面，无漆粘在手指上，即认为表面干燥。

4）检测步骤如下。

① 制备涂膜试板，按 GB/T 9271—2008 的规定处理每一块试板。

② 制备涂膜，按 GB/T 1727—2021 的规定在马口铁板或产品标准规定的底材上制备

涂膜。

③ 控制涂膜厚度，按 GB/T 13452.2—2008 中规定的一种方法测定涂层的干膜厚度。

④ 按产品标准规定的干燥条件进行干燥［除另有说明，在温度为（23±2）℃，相对湿度为（50±5）%的条件下进行干燥］，每隔若干时间或到达产品标准规定时间，以手指轻触涂膜表面，如感到有些发黏，但无漆粘在手指上，即认为表面干燥。

5）检测结果及评定如下。

① 检测结果：记录达到表面干燥所需的最长时间，以 h 或 min 表示。

② 检测结果评定：按规定的表面干燥时间判定为“通过”或“未通过”。

6）注意事项如下。

① 烘干漆应在标准规定温度下烘烤。

② 烘干涂膜和腻子膜从电热鼓风箱中取出后，应在恒温恒湿条件下放置 30min 后测试。

2. 涂料表面干燥试验小玻璃球法

GB/T 6753.2—1986 规定了自干型产品表面干燥时间的测定方法。在规定的干燥条件下，当涂膜上的小玻璃球能用刷子轻轻刷离，而不损伤涂膜表面时，涂膜的这种状态即为表面干燥。

（1）相关标准

1）GB/T 3186—2006《色漆、清漆和色漆与清漆用原材料　取样》。

2）GB/T 9278—2008《涂料试样状态调节和试验的温湿度》。

3）GB/T 1727—2021《漆膜一般制备法》。

4）GB/T 9271—2008《色漆和清漆　标准试板》。

（2）检测设备

1）小玻璃球：直径为 125~250μm。

2）刷子：软毛刷。

3）计时器：秒表或时钟。

（3）检测原理　在规定的干燥条件下，当涂膜上的小玻璃球能用刷子轻轻刷离，而不损伤涂膜表面时，涂膜的这种状态即为表面干燥。

（4）检测步骤

1）将试板水平放置在无气流、无直射阳光处，在温度为（23±2）℃或（25±1）℃，相对湿度为（50±5）%或（65±5）%的条件下进行干燥。

2）按 GB/T 1727—2021 的规定在马口铁板或产品标准规定的底材上制备涂膜。

3）测定涂层的干膜厚度。

4）每隔若干时间或到达产品标准规定时间后，放平试板。从 50~150mm 高度将重约 0.5g、直径为 125~250μm 的小玻璃球倒在涂膜表面。

5）10s 后，将试板保持与水平面成 20°，用软毛刷轻轻刷涂膜。

6）用一般直视法检查涂膜表面，若全部小玻璃球能被软毛刷刷掉而不损伤涂膜表面，即认为涂膜表面已经干燥。

（5）检测结果及评定

1）检测结果：制备一些相同的标准试板，按合适的间隔时间，在预期涂膜表面干燥前不久开始试验，每次试验使用不同的试板，直到试验表明涂膜为表面干燥时，记录涂膜刚好达到表面干燥所用的时间。试板边缘部分 5mm 以内不作考核。

2）检测结果评定：按规定的表面干燥时间判定通过或未通过。

（6）注意事项

1）操作时为避免小玻璃球过度分散，可通过内径约 25mm，适当长度的玻璃管倒下小玻璃球（注意不能让玻璃管管口接触涂膜）。

2）如果需要，可在同一块试板的其他位置进一步试验。

4.4.2 实际干燥时间检测

实际干燥时间指一定厚度的液体涂膜在规定的干燥条件下，完全形成固体涂膜的时间，以 h 或 min 表示。实际干燥时间的测定方法有压滤纸法、压棉球法、刀片法、厚层干燥法和无印痕试验法，常用压滤纸法和压棉球法。

测定实际干燥时间的国家标准为 GB/T 1728—2020《漆膜、腻子膜干燥时间测定法》，该标准中规定了压滤纸法、压棉球法、刀片法、厚层干燥法的测定方法。无印痕试验法是 GB/T 9273—1988《漆膜无印痕试验》，由于该方法不经常采用，故本小节不做介绍。

1. 压滤纸法

（1）相关标准

1）GB/T 3186—2006《色漆、清漆和色漆与清漆用原材料　取样》。

2）GB/T 9278—2008《涂料试样状态调节和试验的温湿度》。

3）GB/T 1727—2021《漆膜一般制备法》。

4）GB/T 9271—2008《色漆和清漆　标准试板》。

5）GB/T 13452.2—2008《色漆和清漆　漆膜厚度的测定》。

（2）检测设备

1）定性滤纸：标重为 75g/m^2，尺寸为 15cm×15cm。

2）秒表：分度值为 0.2s。

3）电热鼓风干燥箱。

4）干燥试验器：质量为 200g，底面积为 1cm^2。

（3）检测原理　将滤纸和干燥试验器在涂膜上放置 30s，翻转试板（涂膜向下），若滤纸能自由落下，即认定为涂膜实际干燥。

（4）检测步骤

1）制备涂膜试板，按 GB/T 9271—2008 的规定处理每一块试板。

2）制备涂膜，按 GB/T 1727—2021 的规定在马口铁板或产品标准规定的底材上制备涂膜。

3）控制涂膜厚度，按 GB/T 13452.2—2008 中规定的一种方法测定涂层的干膜厚度。

4）按产品标准规定的干燥条件进行干燥养护［除另有说明，在温度为（23±2）℃，相对湿度为（50±5）%的条件下进行干燥］。

5）按合适的时间（预期涂膜实际干燥时间）或到达产品标准规定时间，在涂膜上放一片定性滤纸（光滑面接触涂膜），滤纸上再轻轻放置干燥试验器。

6）同时开动秒表，经过30s后，移去干燥试验器，将试板翻转（涂膜向下），若滤纸能自由落下，或在背面用握板的食指轻敲几下，滤纸能自由落下而滤纸纤维不被粘在涂膜上，即认为涂膜实际干燥。

（5）检测结果及评定

1）检测结果：记录达到实干干燥所需的最长时间，以h或min表示。

2）检测结果评定如下。

① 按规定的实际干燥时间判定为“通过”或“未通过”。

② 对于产品标准中规定涂膜允许稍有黏性的涂料，当试板翻转经食指轻敲后，滤纸仍不能自由落下时，将试板放在玻璃板上，用镊子夹住预先折起的滤纸的一角，沿水平方向轻拉滤纸，若试板不动，滤纸也被拉下，即使涂膜上粘有滤纸纤维也可认为滤膜实际干燥，但应标明涂膜稍有黏性。

（6）注意事项

1）烘干漆应在标准规定温度下烘烤。

2）烘干涂膜和腻子膜从电热鼓风箱中取出后，应在恒温恒湿条件下放置30min后测试。

2. 压棉球法

（1）相关标准

1）GB/T 3186—2006《色漆、清漆和色漆与清漆用原材料　取样》。

2）GB/T 9278—2008《涂料试样状态调节和试验的温湿度》。

3）GB/T 1727—2021《漆膜一般制备法》。

4）GB/T 9271—2008《色漆和清漆　标准试板》。

5）GB/T 13452.2—2008《色漆和清漆　漆膜厚度的测定》。

（2）检测设备

1）脱脂棉球：约$1cm^3$的疏松棉球。

2）秒表：分度值为0.2s。

3）干燥试验器：质量为200g，底面积为$1cm^2$。

4）电热鼓风干燥箱。

（3）检测原理　将棉球和干燥试验器在涂膜上放置30s后，拿掉干燥试验器和棉球，观察涂膜有无棉球的痕迹及失光现象。

（4）检测步骤

1）制备涂膜试板，按GB/T 9271—2008的规定处理每一块试板。

2）制备涂膜，按GB/T 1727—2021的规定在马口铁板或产品标准规定的底材上制备涂膜。

3）控制涂膜厚度，按GB/T 13452.2—2008中规定的一种方法测定涂层的干膜厚度。

4）按产品标准规定的干燥条件进行干燥养护［除另有说明，在温度为（23±2）℃，相对湿度为（50±5）%的条件下进行干燥］。

5）按合适的时间（预期涂膜实际干燥时间）或到达产品标准规定时间，在涂膜表面放置一个脱脂棉球，在棉球上轻轻放置干燥试验器。

6）同时开动秒表，经过30s后，将干燥试验器和棉球拿掉，放置5min，观察涂膜有无棉球的痕迹及失光现象，涂膜上若留有1~2根棉丝，但用棉球能轻轻掸掉，均认为涂膜实际干燥。

（5）检测结果及评定

1）检测结果：记录达到实际干燥所需的最长时间，以h或min表示。

2）检测结果评定：按规定的实际干燥时间判定为“通过”或“未通过”。

（6）注意事项

1）烘干漆应在标准规定温度下烘烤。

2）烘干涂膜和腻子膜从电热鼓风箱中取出后，应在恒温恒湿条件下放置30min后测试。

3. 刀片法

（1）相关标准

1）GB/T 3186—2006《色漆、清漆和色漆与清漆用原材料　取样》。

2）GB/T 9278—2008《涂料试样状态调节和试验的温湿度》。

3）GB/T 1727—2021《漆膜一般制备法》。

4）GB/T 9271—2008《色漆和清漆　标准试板》。

5）GB/T 13452.2—2008《色漆和清漆　漆膜厚度的测定》。

（2）检测设备　检测设备包括保险刀片和电热鼓风干燥箱。

（3）检测原理　用保险刀片在涂膜试板上切刮，观察涂膜底层及膜内均有无黏着现象。

（4）检测步骤

1）制备涂膜试板，按GB/T 9271—2008的规定处理每一块试板。

2）制备涂膜，按GB/T 1727—2021的规定在马口铁板或产品标准规定的底材上制备涂膜。

3）控制涂膜厚度，按GB/T 13452.2—2008中规定的一种方法测定涂层的干膜厚度。

4）按产品标准规定的干燥条件进行干燥养护［除另有说明，在温度为（23±2）℃，相对湿度为（50±5）%的条件下进行干燥］。

5）按合适的时间（预期涂膜实干时间）或到达产品标准规定时间，用保险刀片在试板上切刮涂膜或腻子膜，并观察其底层及膜内均无黏着现象（如腻子膜，还需用水淋湿试板，用产品标准规定的水砂纸打磨，若能形成均匀平滑表面，不沾砂纸），即认为涂膜或腻子膜实际干燥。

（5）检测结果及评定

1）检测结果：记录达到实际干燥所需的最长时间，以h或min表示。

2）检测结果评定：按规定的实际干燥时间判定为“通过”或“未通过”。

（6）注意事项

1）烘干漆应在标准规定温度下烘烤。

2）烘干涂膜和腻子膜从电热鼓风箱中取出后，应在恒温恒湿条件下放置30min后测试。

4. 厚层干燥法

厚层干燥法适用于绝缘漆实际干燥时间的测定。

（1）相关标准

1）GB/T 3186—2006《色漆、清漆和色漆与清漆用原材料　取样》。

2）GB/T 9278—2008《涂料试样状态调节和试验的温湿度》。

（2）检测设备

1）铝片盒：尺寸为45cm×45cm×20mm（铝片厚度0.05~0.1mm）。

2）天平：分度值为0.01g。

3）铝板（2A12）：尺寸为50mm×120mm×1mm。

4）热鼓风干燥箱。

（3）检测步骤

1）用二甲苯或无水乙醇将铝片盒擦净、干燥。

2）称取样品20克（以50%固体含量计，固体含量不同时应换算）。

3）静止至样品内无气泡（不消失的气泡用针挑出），水平放入加热至规定温度的热鼓风干燥箱内。

4）按产品标准规定的升温速度和时间进行干燥。

5）取出铝片盒冷却，小心撕开铝片盒并将试块完整地剥出。

（4）检测结果及评定

1）检测结果：检查试块的表面、内部和底层是否符合产品标准规定，当试块从中间被剪成两份时，应没有黏液状物，将剪开的截面合拢再拉开也应无拉丝现象，则认为厚层实际干燥。

2）检测结果评定：平行试验三次，若至少有两次结果符合要求，即认为厚层干燥。

4.5　涂膜厚度检测

涂膜厚度是指涂膜表面与底材表面间的距离。在涂料和涂膜的检测中，涂膜厚度是一个很重要的控制项目内容。在涂膜施工过程中，由于涂后涂膜厚度不均匀或厚度未达到规定要求，均会对涂层的性能产生重大的影响，尤其是涂膜的物理力学性能受厚度的影响最明显，可见涂膜厚度是一个必须检测的项目。在实际工作中遇到的主要是干膜厚度的测量，因为涂料的某些物理性能的测定及耐候性等专用性能的试验均需要把涂料制成试板后，在规定的厚度范围内进行检测。干膜厚度往往是由湿膜厚度决定的，因此，近年来常进行湿膜厚度的检测，用以控制干膜厚度。

检测涂膜厚度的方法很多，GB/T 13452.2—2008《色漆和清漆　漆膜厚度的测定》中规定了一系列用以测量涂敷至底材上的涂层厚度的方法，包括测量湿膜厚度、干膜厚度、未固化粉末涂层厚度及粗糙表面上涂膜厚度的方法。

4.5.1　干膜厚度检测

干膜厚度是指涂料硬化后存留在表面上的涂层厚度。涂膜干膜厚度的测定采用杠杆千分尺或磁性测厚仪测定，以 μm 表示。

1. 杠杆千分尺法

杠杆千分尺法适用于实验室使用的小尺寸金属试板或类似材料的平整表面，也可用于圆棒涂层的测量，是目前实验室检验常用的方法。

(1) 相关标准

1) GB/T 3186—2006《色漆、清漆和色漆与清漆用原材料　取样》。

2) GB/T 9278—2008《涂料试样状态调节和试验的温湿度》。

3) GB/T 1727—2021《漆膜一般制备法》。

4) GB/T 9271—2008《色漆和清漆　标准试板》。

(2) 检测设备　杠杆千分尺　精确度为 2μm。

(3) 检测原理　用杠杆千分尺来测量涂膜厚度，即底材加涂膜的总厚度与底材厚度间的差值。

(4) 检测步骤

1) 杠杆千分尺的“0”位校对，用绸布擦净杠杆千分尺的两个测量面。

① 使两测量面轻轻地相互接触，当指针与表盘的“0”线重合时，停止旋转微分筒，这时微分筒上的“0”线也应与固定套筒上的轴向刻线重合，微分筒边缘与固定套筒的“0”线的左边缘恰好相切，这样即“0”位正确。

② 如果“0”位不准，就必须调整。先使指针与表盘的“0”线重合，微分筒边缘与固定套筒的“0”线的左边缘恰好相切，然后旋紧后盖，松开止动器，看表盘指针是否对“0”，如不对应则应重新调零。

2) 试板厚度测量步骤如下。

① 底材测量部位要求取距边缘不少于 1cm 的上、中、下 3 个位置进行测量。

② 将未涂漆试板放于微动测杆与活动测杆之间，慢慢旋转微分筒，使指针在两公差带指针之间，然后调整微分筒上的某一条线与固定套筒上的轴向刻线重合，读数时，把固定套筒、微分筒和表盘上所读取的数字相加，即为测得厚度值。

3) 底材加涂膜的总厚度测量步骤如下。

① 将样品涂布在底材表面上，涂布时按物理性能检测项目要求的涂膜厚度预涂。

② 按产品标准规定的干燥条件进行干燥养护［除另有说明，在温度为 (23±2)℃，相对湿度为 (50±5)%的条件下进行干燥］。

③ 按规定时间干燥后，在底材的 3 个测量位置再按上述要求在相同位置测量，两者之差即为涂膜厚度。

(5) 检测结果及评定

1) 检测结果：底材加涂膜的总厚度与底材厚度间的差值，即为涂膜厚度，以 μm 表示。

2) 检测结果评定：取 3 个测试点厚度的算术平均值即为涂膜的平均厚度。

(6) 注意事项

1) 为了消除测量误差，可在同一个测试点多测几次。

2) 也可先测量已涂试板的厚度，再用合适的方法除去测量点的涂膜，然后测出试板的厚度，两者之差即为涂膜厚度，取各点厚度的算术平均值即为涂膜的平均厚度。

2. 磁性法

磁性法为非破坏性仪器的测量方法。根据被测底材的不同，可以分为磁性测厚仪和非磁性测厚仪，分别适用于磁性金属底材及非磁性金属底材上涂膜干膜厚度的测定，是目前干膜厚度测量的主要方法。

（1）相关标准　相关标准与杠杆千分尺法相同。

（2）检测设备　磁性测厚仪，精密度为2μm。

（3）检测原理　磁性测厚仪主要利用电磁场磁阻原理，通过流入钢铁底材的磁通量大小，即磁体与磁性底材之间间隙的变化引起磁通量的改变来测定涂膜厚度。

（4）检测步骤

1）调零：按照各类磁性测厚仪产品说明书，将磁性测厚仪调零。

2）校正：用标准厚度板片校正磁性测厚仪。

3）测量：取距边缘不少于1cm的上、中、下3个位置进行测量。

（5）试验结果及评定　取各点厚度的算数平均值为涂膜的平均厚度值，以μm表示。

4.5.2　湿膜厚度检测

湿膜厚度是指涂料涂敷后立即测量得到的刚涂好的湿涂层的厚度。由于干膜厚度是由湿膜厚度决定的，所以对湿膜厚度进行检验可以更准确地达到干膜厚度要求。湿膜厚度的检测采用GB/T 13452.2—2008中湿膜厚度的测量方法，按检测原理分为机械法（包括轮规法、梳规法、千分表法）、重量分析法（质量差值法）和光热法（热性能法），常用方法是轮规法和梳规法。

1. 轮规法

轮规是由一个轮子构成，该轮子由耐腐蚀的淬火钢制成，轮子上有三个凸起的轮缘。

两个轮缘具有相同直径且与轮子的轴呈同轴心安装，第三个轮缘直径较小且是偏心安装的。外面的一个轮缘上有刻度，利用该刻度能读出相对于偏心轮缘，同心轮缘凸起的各个距离。

（1）相关标准

1）GB/T 3186—2006《色漆、清漆和色漆与清漆用原材料　取样》。

2）GB/T 9278—2008《涂料试样状态调节和试验的温湿度》。

3）GB/T 1727—2021《漆膜一般制备法》。

4）GB/T 9271—2008《色漆和清漆　标准试板》。

（2）检测设备　检测设备为轮规，其最大厚度一般为1500μm，最小增量一般为2μm，如图4-3所示。

（3）检测原理　由三个等间隔的轮同轴组成，中间的一个略小于外轮，并偏心，具有高度差。当仪器在湿膜上滚动时，能从中间轮缘刚刚触及湿膜表面的位置，对应外轮缘上的标尺读出湿膜厚度。

（4）检测步骤

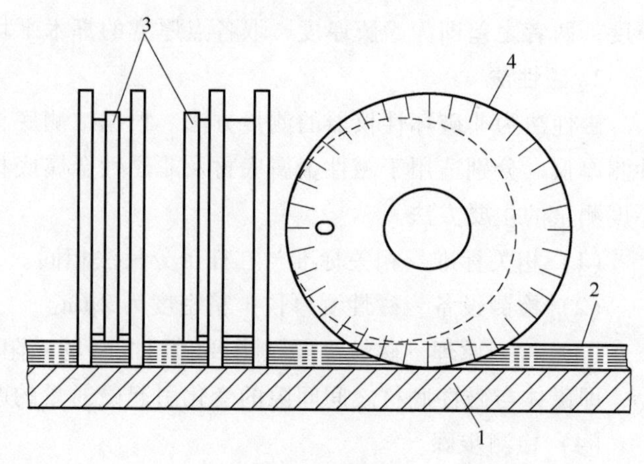

图 4-3 轮规

1—底材 2—涂层 3—偏心轮缘 4—轮规

1）将轮规垂直放于涂膜表面，使两个外轮缘的最大刻度处与底材接触，轮规不能左右晃动，否则所测值会有误差。

2）沿漆膜表面滑动轮子 180°，然后将轮规从试板表面拿起，检查中间轮缘与湿膜表面首先接触的位置，从外轮刻度上读取这一点的湿膜厚度。

3）清洗轮规，从另一个方向重复检测。

（5）检测结果及评定 在不同部位以相同方式至少取两个读数，计算平均值以得到涂漆范围内湿膜厚度的代表性结果，以 μm 表示。

（6）注意事项

1）轮规在涂层表面滚动时，最好由间隙最大处开始，湿膜不受推动挤压，所测值比较准确。

2）测定时必须在涂膜制备后立即进行，以免由于挥发性溶剂的蒸发而使涂膜发生收缩现象。

2. 梳规法

梳规是一种由腐蚀材料制成的平板，有一系列齿状物排列在其边缘。平板角落处的基准齿形成一条极限，沿着该基线排列的内齿与基准齿间形成了一个累进的间隙系列。每一个内齿用给定的间隙深度值标示出来。

（1）相关标准 相关标准与轮规法相同。

（2）检测设备 检测设备为梳规，其最大厚度一般为 2000μm，最小增量一般为 5μm，如图 4-4 所示。

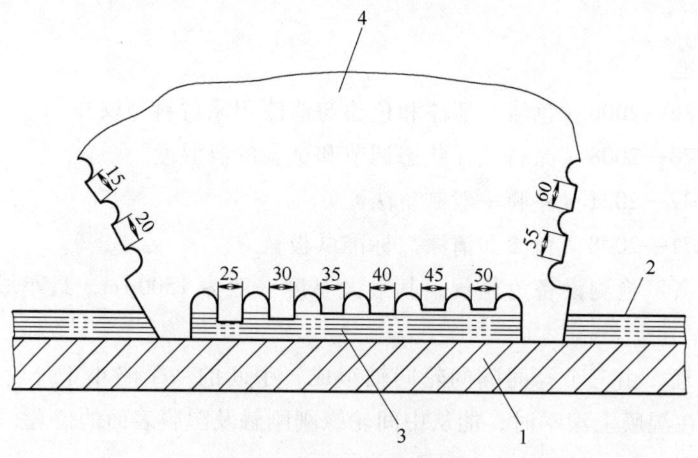

图 4-4 梳规（单位：μm）

1—底材 2—涂层 3—湿接触点 4—梳规

（3）检测原理　梳规由金属或塑料薄板制成，周边由梳齿组成，两侧的外齿处于同一水平面，形成一条基线，中间内齿则距水平面（湿膜表面）有依次递升的不同间隙，可指示不同的读数，表示涂层厚度值。

（4）检测步骤

1）查看梳规，确保齿状物清洁干燥，没有磨损或破坏。

2）把梳规放在平整的试样表面，使齿状物与试样表面垂直。

3）保持足够的时间使涂料润湿齿状物，然后移走梳规。

（5）检查结果及评定　把被涂料润湿的内齿的最大间隙深度读数记录下来，以此作为湿膜厚度。

（6）注意事项

1）梳规一定要垂直稳固地压在涂层的表面。

2）如果试样的一个面弯曲，梳规应以与该弯曲面的轴平行的位置放置。

3）测定时必须在涂膜制备后立即进行，以免由于挥发性溶剂的蒸发而使涂膜发生收缩现象。

第 5 章

涂膜制备与外观检测

涂膜性能的优劣是涂料产品质量的最终表现，在涂料产品质量检测工作中占有重要的作用。涂料成膜性能的检测结果，可以更具体直观地反映涂料产品质量。对涂料成膜性能的检测项目很多，包括两大类，即涂膜的力学性能和化学性能。由于涂料的成膜性能是产品质量控制的重要指标，所以对涂膜的力学性能和化学性能检测将在第 6 章和第 7 章具体介绍，本章主要介绍涂膜制备和外观检测。

5.1 涂膜制备

涂膜制备是指测定涂膜一般性能用试板的制备。制备涂膜时，主要应考虑（控制）试板的选择与处理、制板方法的选择及试板的养护条件、涂膜厚度的控制及测定等。目前，涂膜制备多是人工制备，制备时需要依赖操作人员的技术熟练程度，涂膜的均匀性较难保证，采用仪器制备涂膜的工艺正在逐步推行，方法有旋转涂漆法和刮涂器法。

涂料产品的质量标准规定了待测项目的涂膜制备方法，作为质量检测工作的标准之一。为了比较不同涂料产品质量的好坏，对涂膜一般性能的检测都必须在相同的条件下进行，因此涂膜的制备采用 GB/T 1727—2021《漆膜一般制备法》中的方法。该标准规定了制备一般涂膜的材料（底材）、试板的表面处理、制板方法（刷涂法、喷涂法、浸涂法和刮涂法）和涂膜厚度等，适用于测定涂膜一般性能用试板的制备。

5.1.1 涂膜的材料（底材）

涂料检测需要选择相应底材，并按照严格的要求制备试板，否则是得不到正确结果的。尽量模仿实际条件，涂料用在什么样的底材上，检测过程就选择相应的底材进行，因此试验底材的选择和试验结果有一定的关系。更重要的是，试验涂膜在底材上的制备工艺和质量对测试结果有显著的影响。GB/T 1727—2021 中规定了几种底材。

1. 马口铁板

马口铁板应符合 GB/T 2520—2017 规定的技术要求，除另有规定，其尺寸为 25mm×120mm×(0.2~0.3) mm、50mm×120mm×(0.2~0.3) mm 或 70mm×150mm×(0.2~0.3) mm。

2. 玻璃板

除另有规定，玻璃板应符合 GB 11614—2022 规定的技术要求，其尺寸为 90mm×

120mm×(2~3) mm、100mm×100mm×(4~6) mm 或 100mm×150mm×(2~3) mm。

3. 冷轧钢板

除另有规定，冷轧钢板应符合 GB/T 3274—2017 普通碳素钢的技术要求，其尺寸为 50mm×120mm×(0.45~0.55) mm、70mm×150mm×(0.45~0.55) mm 或 70mm×150mm×(0.8~1.2) mm。

4. 铝板

除另有规定，铝板应符合 GB/T 3880.1—2023 规定的技术要求，其尺寸为 70mm×150mm×(1~2) mm、100mm×100mm×(1~2) mm（中心开孔）或 ϕ100mm（中心开孔）。

5. 无石棉纤维水泥平板

除另有规定，无石棉纤维水泥平板应符合相关规定的技术要求，其尺寸为 70mm×150mm×(4~6) mm 或 150mm×430mm×(4~6) mm。

6. 钢棒

普通低碳钢棒，直径为（13±3）mm，长度为 120mm，一端为圆滑面，另一端有孔或环。

5.1.2 试板的表面处理

试板的表面处理具体按 GB/T 9271—2008《色漆和清漆　标准试板》处理。该标准中规定了 8 种类型的标准试板处理方法，其中检验常用的马口铁板处理顺序：①清洗剂（溶剂清洗剂、水性清洗剂）清洗；②打磨（磨光）；③清洗剂（溶剂清洗剂、水性清洗剂）清洗；④将清洗过的试板存放在干燥清洁的环境中备用。

5.1.3 制板方法

制板方法主要分为刷涂层、喷涂法、浸涂法和刮涂法。

1. 刷涂法

(1) 相关标准

1) GB/T 3274—2017《碳素结构钢和低合金结构钢热轧钢板和钢带》。

2) HG/T 3855—2006《绝缘漆漆膜制备法》。

3) GB/T 2520—2017《冷轧电镀锡钢板及钢带》。

4) GB/T 3880.1—2012《一般工业用铝及铝合金板、带材　第 1 部分：一般要求》。

5) GB 11614—2022《平板玻璃》。

6) GB/T 3186—2006《色漆、清漆和色漆与清漆用原材料　取样》。

7) GB/T 9278—2008《涂料试样状态调节和试验的温湿度》。

8) GB/T 9271—2008《色漆和清漆　标准试板》。

(2) 检测设备

1) 漆刷：宽度为 25~35mm。

2) 黏度计：涂-4 黏度计或 ISO 流量杯。

3) 杠杆千分尺或其他涂膜测厚仪。

4）秒表：分度值为0.2s。

5）干燥箱：电热鼓风恒温干燥箱。

（3）检测原理　用漆刷，通过控制刷涂量来控制试板涂膜厚度。

（4）检测步骤

1）试板的表面处理：先用溶剂对标准试板进行清洗，然后用水性清洗剂清洗，洗净并干燥后，用砂纸进行打磨。

2）取样：样品的最少量应为2kg或完成规定试验所需量的3~4倍。取样前，应检查物料、容器和取样点有无异常现象（若发现任何异常现象，由取样者决定是否取样）。

3）涂漆前将试样搅拌均匀，如果试样表面有结皮，则应先仔细揭去。多组分漆按产品标准规定的配比称量混合，搅拌均匀。必要时，混合均匀的试样可用0.124~0.175mm（80~120目）筛子过滤。

4）将试样稀释至适当黏度或按产品标准规定的黏度。

5）用漆刷在规定的试板上快速均匀地沿纵横方向涂刷，使其形成一层均匀的涂膜，不允许有空白或溢流现象。

6）将试板置于规定的环境中，按要求的时间进行干燥养护。

2. 喷涂法

（1）相关标准　涉及的相关标准与刷涂法相同。

（2）检测设备

1）喷枪：喷嘴内径为0.75~2mm。

2）黏度计：涂-4黏度计或ISO流量杯。

3）厚度测量器：杠杆千分尺或其他涂膜测厚仪。

4）秒表：分度值为0.2s。

5）干燥箱：电热鼓风恒温干燥箱。

（3）检测原理　通过控制样品黏度、喷枪与试板的角度及喷枪移动速度来控制试板涂膜厚度。

（4）检测步骤

1）试板的表面处理：先用溶剂将标准试板进行清洗，然后用水性清洗剂清洗，洗净并干燥后，用砂纸进行打磨。

2）取样：样品的最少量应为2kg或完成规定试验所需量的3~4倍。取样前，应检查物料、容器和取样点有无异常现象（若发现任何异常现象，由取样者决定是否取样）。

3）涂漆前将试样搅拌均匀，如果试样表面有结皮，则应先仔细揭去。多组分漆按产品标准规定的配比称量混合，搅拌均匀。必要时，混合均匀的试样可用0.124~0.175mm（80~120目）筛子过滤。

4）将试样稀释至喷涂黏度［(23±2)℃的条件下，在涂-4黏度计中的测定值，油基漆应为20~30s，挥发性漆为15~25s。在ISO流量杯中的测定值，油基漆应为45~80s，挥发性漆应为24~45s］或按产品标准规定的黏度。

5）在规定的试板上喷涂成均匀的涂膜，不得有空白或溢流现象。喷涂时，喷枪与被涂面之间的距离不小于 200mm，喷涂方向要与被涂面成适当的角度，空气压力为 0.2～0.4 MPa（空气应过滤去油、水及污物），喷枪移动速度要均匀。

6）将试板置于规定的环境中，按要求的时间进行干燥养护。

3. 浸涂法

（1）相关标准　涉及的相关标准与刷涂法、喷涂法相同。

（2）检测设备

1）黏度计：涂-4 黏度计或 ISO 流量杯。

2）厚度测量器：杠杆千分尺或其他涂膜测厚仪。

3）秒表：分度值为 0.2s。

4）干燥箱：电热鼓风恒温干燥箱。

（3）检测原理　通过控制样品黏度来控制试板涂膜厚度。

（4）检测步骤

1）试板的表面处理：先用溶剂将标准试板进行清洗，然后用水性清洗剂清洗，洗净并干燥后，用砂纸进行打磨。

2）取样：样品的最少量应为 2kg 或完成规定试验所需量的 3～4 倍。取样前，应检查物料、容器和取样点有无异常现象（若发现任何异常现象，由取样者决定是否取样）。

3）涂漆前将试样搅拌均匀，如果试样表面有结皮，则应先仔细揭去。多组分漆按产品标准规定的配比称量混合，搅拌均匀。必要时，混合均匀的试样可用 0.124～0.175mm（80～120 目）筛子过滤。

4）将试样稀释至适当的黏度（使涂膜厚度符合产品标准的规定），然后以缓慢均匀的速度将试板垂直浸入漆液中，停留 30s 后，以同样的速度从漆液中取出，放在洁净处滴干 10～30min。滴干的试板或钢棒垂直悬挂于恒温恒湿处或电热鼓风恒温干燥箱中干燥（干燥条件按产品标准规定），如产品标准对第一次浸漆的干燥时间没有规定，可自行确定，但不应超过产品标准中所规定的干燥时间。控制第一次涂膜的干燥程度，以保证所制涂膜不致因第二次浸漆后发生流挂、起皱等现象。此后，将试样倒转 180°，按上述方法进行第二次浸涂，滴干。

5）将试板置于规定的环境中，按要求的时间进行干燥养护。

4. 刮涂法

刮涂法是利用刮涂器刀片与平面之间具有一定的间隙来制得一定厚度的湿膜的方法。常见的刮涂器有腻子刮涂器、涂膜制备器、涂膜涂布器、线棒等。

（1）相关标准　涉及的相关标准与刷涂法、喷涂法、浸涂法相同。

（2）检测设备

1）刮涂器：应用较多的是涂膜制备器和腻子刮涂器，其中，腻子刮涂器如图 5-1 所示，在平滑的底座上有 4 个楔形卡，以便压紧刮刀框和模框。模框按产品标准要求的腻子厚度选用。

2）黏度计：涂-4 黏度计或 ISO 流量杯。

3）厚度测量器：杠杆千分尺或其他涂膜测厚仪。

4）秒表：分度值为 0.2s。

5）干燥箱：电热鼓风恒温干燥箱。

（3）检测原理　通过刮涂器刀片与试板之间的间隙来控制涂膜厚度。

（4）检测步骤

1）试板的表面处理：先用溶剂将标准试板进行清洗，然后用水性清洗剂清洗，洗干净并干燥后，用砂纸进行打磨。

2）取样：样品的最少量应为 2kg 或完成规定试验所需量的 3~4 倍。取样前，应检查物料、容器和取样点有无异常现象（若发现任何异常现象，由取样者决定是否取样）。

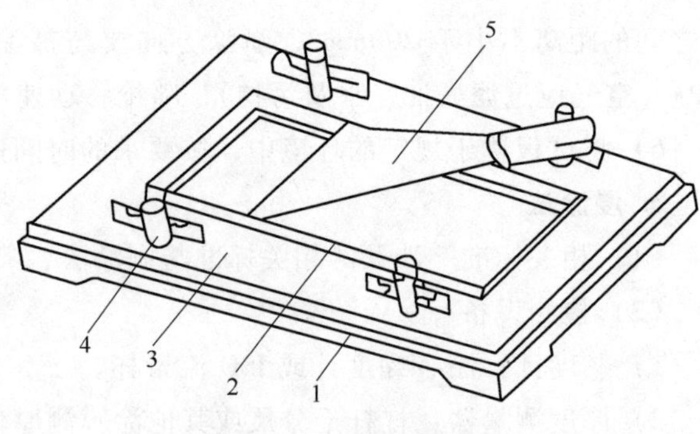

图 5-1　腻子刮涂器

1—底座（215mm×125mm×15mm）　2—模框（内框 145mm×60mm×1mm、145mm×60mm×0.7mm 和 145mm×60mm×0.5mm）
3—刮刀框（内框 155mm×70mm×2mm）
4—楔形卡　5—刮刀（宽 70mm）

3）涂漆前将试样搅拌均匀，如果试样表面有结皮，则应先仔细揭去。多组分漆按产品标准规定的配比称量混合，搅拌均匀。必要时混合均匀的试样可用 0.124~0.175mm（80~120 目）筛子过滤。

4）将试板放在平台上，并予以固定。按产品规定湿膜厚度，选用适宜间隙的涂膜制备器。将涂膜制备器放在试板的一端，其长边与试板的短边大致平行或放在试板规定的位置上，然后在制备器的前面均匀地放上适量试样，握住制备器，施加一定的向下压力，并以 150mm/s 的速度匀速滑过试板，即涂布出所需厚度的湿膜。

5）将试板置于规定的环境中，按要求的时间进行干燥养护。

5. 检测结果及评定

（1）自干漆

1）除另有规定，制备的涂膜应平放在恒温恒湿条件下，按产品标准规定的时间进行干燥。

2）除另有规定，一般自干漆在恒温恒湿条件下进行状态调节 48 h（包括干燥时间在内），挥发性漆状态调节 24h（包括干燥时间在内），然后进行各种性能的测试。

（2）烘干漆

1）除另有规定，制备的涂膜应先在室温放置 15~30min，再水平放入电热鼓风恒温干燥箱中按产品标准规定的温度和时间进行干燥。

2）除另有规定，干燥后的涂膜在恒温恒湿条件下状态调节 0.5~1h，然后进行各种性能测试。

6. 注意事项

1）制板过程中，不允许手指与试板表面或涂膜表面直接接触，以免留下指印而影响涂膜性能的测试。

2）试板的种类及处理试板所用的方法会影响检测结果，应注意试板的处理方法及所用水砂纸的型号（一般用 400 号）。

3）打磨时，应先沿横竖方向两方向垂直打磨，然后以直径为 80~100mm 的圆圈打磨，直至表面均匀一致。

4）打磨后须用稀释剂或乙醇将试板擦净。

5）施工前检查试板（需要完全清洁干燥）。

6）除另有规定，涂膜的恒温恒湿标准环境指温度（23±2）℃，相对湿度（50±5）%。

5.1.4　涂膜的厚度

涂膜的厚度对涂膜性能检测影响很大。为了获得准确的检测结果，在检测时必须对涂膜的制备工艺做出严格的规定。不同涂料产品和不同检测项目对其制备涂膜的要求是不同的。除另有规定，各种涂膜干燥后的涂膜厚度规定见表5-1。

表5-1　各种涂膜干燥后的涂膜厚度规定

名称	厚度/μm
清油、丙烯酸清漆	13±3
酯胶、酚醛、醇酸等清漆	15±3
沥青、环氧、氨基、过氯乙烯、硝基、有机硅等清漆	20±3
磁漆、底漆、调和漆	23±3
丙烯酸磁漆、底漆	18±3
乙烯磷化底漆	10±3
厚漆	35±5
腻子	500±20
防腐漆（要求单一涂膜的耐酸耐碱性）及防锈漆（要求耐盐水性、耐磨性）（均涂二道）	45±5
对单一涂膜的耐湿热性有要求的漆	23±3
对涂膜的耐酸、耐碱性有要求的防腐漆	70±10
对涂膜的磨光性有要求的漆	30±5
聚氨酯面漆	23±2

5.2　涂膜外观检测

涂膜的外观反映涂料的第一印象，属于最直接的质量因素。涂膜的外观可用颜色、光泽、雾影和桔纹等表征。在涂料产品标准中，常会对涂膜的外观有一个目视简单的指标，如涂膜完整光滑。

5.2.1　涂膜颜色检测

颜色是一种视觉效果，所谓视觉效果，就是不同波长的光刺激人的眼睛之后，在大脑中所引起的反映。涂膜的颜色是当光照射到涂膜上时，经过吸收、反射、折射等作用后，其表面反射或投射出来进入人的眼睛的颜色。决定涂膜颜色的是照射光源、涂膜本身性质和人眼。

涂膜颜色的测定标准为 GB/T 9761—2008《色漆和清漆　色漆的目视比色》。该标准规定了一种色漆及有关产品涂膜颜色的目视比色方法，将试样与标准样品比较，标准样品可采用参照标准板或新制备的标准板，该试验可以在自然日光下或比色箱中的人造光源下进行。如果没有事先商定照明条件和观察条件，该标准不适用于含有特殊效果的颜料，如金属颜料的色漆涂膜的颜色比较。

检测过程中最好由有关双方商定具体细节，可以全部或部分地取自与受试产品有关的国际标准、国家标准或其他文件。具体细节包括：①底材的性质、厚度和表面处理；②受试产品施涂于底材的方法；③试验前，涂层干燥（或烘干）和放置（如适用）的时间和条件；④涂层的干膜厚度（以 μm 计）及所采用的 GB/T 13452. 2—2008 中规定的测量方法，以及是单一涂层还是多涂层体系，涂层是否能完全遮盖住底材；⑤如果采用目视评定，应注明试样间的光泽偏差。

1. 相关标准

1）GB/T 9271—2008《色漆和清漆　标准试板》。

2）GB/T 9278—2008《涂料试样状态调节和试验的温湿度》。

3）GB/T 11186. 1—1989《涂膜颜色的测量方法　第一部分：原理》。

4）GB/T 11186. 2—1989《涂膜颜色的测量方法　第二部分：颜色测量》。

5）GB/T 11186. 3 —1989《涂膜颜色的测量方法　第三部分：色差计算》。

6）GB/T 13452. 2—2008《色漆和清漆　漆膜厚度的测定》。

2. 检测设备

（1）总则　对于日常的目视比色，可以采用自然日光或人造光源。自然日光的性质是不稳定的，并且观察者的判断容易受周围彩色物体的影响，因此对于仲裁比色，应使用受严格控制的人造光源，观察者应穿中性色的衣服，在视场中，除试板以外不允许存在其他彩色物体。

（2）比色箱　比色箱应被围起来，不受外界光线的干扰，照明用的光源照在试板上所具有的光谱能量分布，应与国际标准照明委员会（CIE）标准照明体 D65 或 CIE 标准照明体 A 近似。为了保证有适宜的比色环境，比色箱内的台面应覆盖一块中性灰板，其亮度应与被比色的样品接近。为了避免从试板上产生灯像反射，一般采用漫射屏，光源的光谱分布性质应包括漫射屏的光谱透过率。人造光源的制造商应给出产品的有效使用期，在此期间，产品应符合 GB/T 9761—2008 的要求。

（3）标准色卡　色卡是自然界存在的颜色在某种材质上的体现，用于色彩选择、比对、沟通，是色彩实现在一定范围内统一标准的工具。我国标准色卡主要是全国涂料和颜料标准化技术委员会制定的 GSB05-1426—2001 漆膜颜色标准样卡。国际标准色卡常见的有三种，应用最为广泛的是德国 RAL 色卡，又称欧标色卡；瑞典 NCS 色卡则是欧洲使用最广泛的色彩系统；除此之外，还有 Pantone 色卡等标准色卡。

（4）色差仪　色差仪是根据 CIE 色空间的 Lab，Lch 原理，测量显示出油漆样品与被测品的色差 ΔE 及样品吸收率 ΔLab，按体积可分为台式和便携式。色差仪主要用于油漆喷涂工艺中油漆调色、颜色管理和成品工件色差检测，因具有小巧便捷、操作简单、测量数据稳定等特点而被广泛应用。

3. 检测原理

在规定的照明条件和观察条件下，观察待比较的色漆涂膜的颜色，可以在自然日光下或人造光源下进行。如果在人造光源下进行比色，则要使用比色箱。对于色差分量（色调、彩度、明度）的表示可以规定一种方法，如可以采用特定的等级评定方法来描述，也可以考虑条件配色评定方法。

4. 检测步骤

（1）试板和参照标准板制备　试板和参照标准板都应是平整的。

1）试板尺寸最好是150mm×100mm。试板的底材应为符合GB/T 9271—2008要求的马口铁板、硬铝板、光滑的纸板、钢板或玻璃板。

2）参照标准板：只有色牢度高的标准板才能作为参照标准板。如有可能，参照标准板应与试板的尺寸相同，并有非常接近的光泽和表面结构。

3）试板的尺寸和观察距离应进行选择，以使试板表面与视线的夹角约为10°。如果试板较大，观察者应用灰色遮板形成相当于10°的观察区域。

表5-2列出了有代表性的观察距离和遮板中正方形开口的边长。

表5-2　有代表性的观察距离和遮板中正方形开口的边长

观察距离/cm	正方形开口边长/cm
30	5.4
50	8.7
70	12.3
90	15.8

4）试板的处理和涂装按规定的方法进行。

① 如果适用，也可按照GB/T 9271—2008的规定进行。应严格按规定或商定的方法对试板进行涂装，因为施工方法和涂膜厚度对颜色有很大的影响。

② 如果试板和标准色漆进行比色，在试板上涂上被测试的色漆或配套体系，在类似的试板上涂上标准的色漆或配套体系。施工方法和施涂的膜厚应尽量一致。

注：为了消除底材的影响，施涂的涂膜厚度应最好能保证可以完全遮住底材。可以用黑白卡纸来检查是否完全遮住底材。

（2）具体检测步骤　对于标准的比色，必须有一个具有正常彩色视觉的观察者，以及再现性良好的照明条件和观察条件。使用分量色调、彩度和明度进行色差的目视评定，最好按表5-3中列出的目视法评定色差分量的等级来评定。经有关双方商定，也可以使用少于六级的简化评级方法进行评定，但为了避免混淆，GB/T 9761—2008附录B中给出的每个等级的含义不能改变。

表 5-3 目视法评定色差分量的等级

级别	色差等级	级别	色差等级
0	没有可见的差别	3	中等差别
1	很轻微,即刚可见的差别	4	相当大的差别
2	轻微,有清晰可见的差别	5	非常大的差别

具体检测步骤分为常规法和色差仪法。

1）常规法：对两块试板的比色或试板与参照标准板的比色，可以在自然日光下或在比色箱中的人造光源下进行。

① 将试板并排放置，边与边相互接触，眼睛与试板的距离为500mm。将被测试材料的涂膜与参照标准板或标准色涂的涂膜进行比色。为了提高比色的准确性，比色时试板位置要实时交换。

② 对于光泽差别很大的涂膜的比色，比色方法应经有关双方商定，可以在自然日光下进行比色，也可以在比色箱中观察。

a）在自然日光下进行观察，在将光泽差别减至最小的角度观察试板，如以接近于垂直的方向进行观察，这样镜面反射就不会进入眼睛。

观察色差分量色调、彩度和明度，按这些分量的重要性顺序排列。例如，注明试板与标准板比色结果是中等黄，稍暗和彩度基本一致，或者按 GB/T 9761—2008 附录 B 的规定表示 DH：3ye，DL：-2 和 DC：-1（注：DH、DL 和 DC 依次为色调差、明度差、彩度差，不是色度值，只是用来表示色差分类）。

b）在比色箱中观察，使光线与试板成0°角入射，人眼以45°角观察试板，反之亦然。观察总色差或按表 5-3 所述的色差分量等级。

2）色差仪法：利用色差仪检测色差。

① 接通稳压电源，开启计算机电源和色差仪电源。

② 进入系统后，打开桌面的测试软件，选择主色度测试的窗口。

③ 单击校正按钮，按系统提示分别测试两块黑白标准板，直至校正成功。

④ 观察待测试板与遮光孔径的大小，如果待测试板尺寸偏小，就更换适合孔径的遮光板，并重复校正步骤校正仪器。

⑤ 在主菜单界面选择检测需要的数据库并打开。

⑥ 在设置菜单中选择需要的测试方法、光源及观察角度。

⑦ 如果待测试板是标准色卡或标准试板，将待测面完全盖住遮光板的透光孔，固定试板后检测标样得到标样数据。

⑧ 如果已经有标样数据，则从数据库中调用该数据。将待测试板完全盖住遮光板的透光孔，夹住试板后检测试样，得到试样数据。

⑨ 如果需要保存标样和试样数据，可以在下拉菜单中选择保存在当前数据库。

5. 检测结果及评定

（1）试验报告的内容

1）识别受试产品所必要的全部细节。

2）注明标准编号。

3）GB/T 9761—2008 附录 A 涉及的补充资料的内容。

4）注明补充上述 3）资料所参照的国际标准、国家标准、产品说明或其他文件。

5）比色是在自然日光下还是在人造光源下进行的，以及所用人造光源的类型。

6）如果使用比色箱，注明其细节，如制造商和内部的光源等。

7）按照表 5-3 评定的色差分量等级。

8）试验结果，比色（包括条件配色）是以新制备的标准板，还是以参照标准板为标准进行的。

9）与规定的试验方法的任何不同之处。

10）试验日期和试验人员。

（2）色差的等级评定

1）目视法评定色差分量的等级见表 5-3。

2）色差分量包括色调差（DH）、彩度差（DC）和明度差（DL）。

①DH 评定等级为 0~5 级；评定色调为偏黄（ye 或 y）、偏绿（gr 或 g）、偏红（re 或 r）或偏蓝（bl 或 b）。例如，DH：5ye 表示试样色调为 5 级且偏黄。

② DC 评定等级为 0~5 级；分为大于（+）或小于（-）。例如，DC：-2 表示试样彩度小于 2 级。

③ DL 评定等级为 0~5 级；分为偏亮（+）或偏暗（-）。例如，DL：-2 表示试样明度为 2 级且偏暗。

6. 注意事项

1）为了避免眼睛疲劳的影响，在观察强烈的色彩之后，不要立即看淡色或补色。在对明亮的饱和色进行比色时，如果不能迅速做出判定，观察者应在周围的中性灰色上看几秒钟，然后再进行比色。

2）如果观察者连续工作，目视比色的质量将严重下降。应经常休息几分钟，在休息期间不再试图比色。

5.2.2　涂膜光泽检测

光泽是物体表面的一种光学特性，以其反射光的能力来表示。膜的光泽是膜表面将照射在其上的光线向一定方向反射出去的能力，也称镜面光泽度。涂膜的光泽可分为有光、半光和无光。有光涂料一般指光泽在 40 以上的，半光涂料指光泽在 20~40 的，无光涂料指光泽在 10 以下的，这是按涂料在实际应用中对光泽的不同要求划分的。

涂膜光泽的测定标准为 GB/T 9754—2007《色漆和漆膜　不含金属颜料的色漆漆膜的 20°、60°和 85°镜面光泽的测定》。该标准中规定用反射计以 20°、60°和 85°几何条件测定色漆涂膜的镜面光泽方法，其中 60°几何条件适用于所有色漆涂膜，但对于高光泽涂膜（即 60°镜面光泽高于 70 单位的涂膜）和低光的涂膜（即 60°镜面光泽低于 10 单位的涂膜），用 20°或 85°几何条件也许更适用。该标准中的方法不适用于含金属颜料色漆涂膜的光泽测量。

1. 相关标准

1）GB/T 3186—2006《色漆、清漆和色漆与清漆用原材料　取样》。

2）GB/T 13452.2—2008《色漆和清漆　漆膜厚度的测定》。

3）GB/T 20777—2006《色漆和清漆　试样的检查和制备》。

2. 检测设备

1）底材：采用玻璃板，尺寸为150mm×100mm，厚度为3mm。

2）湿膜制备器：规格为150μm。

3）光泽计：入射几何角度为20°、60°和85°。

3. 检测原理

对于规定的光源和接收器角，从物体镜面方向反射的光通量与从折光指数为1.567的玻璃镜面方向反射的光通量之比即镜面光泽，用百分数表示。

4. 检测步骤

1）试板的准备：一般情况下，用规格为150μm的湿膜制备器将色漆涂布在洁净的玻璃板上，在规定的条件下干燥，制得一平整的涂膜。

2）光泽测定：调整好仪器并校准后，在试验涂膜平行于涂布方向的不同位置测得3个读数，再用高光泽工作标准板校准仪器以确保读数没有偏差。若结果误差小于5个单位时，记录其平均值作为镜面光泽值；否则，再进行三次测定，记录全部6个值的平均值及极限值。

5. 检测结果及评定

检测结果以一定角度下的光泽单位值表示。

6. 注意事项

1）测定清漆光泽时，应用黑玻璃或涂上无光黑的边缘毛糙的玻璃板作为底材。

2）涂膜的制备方法将影响光泽的测定，应注意产品的检验要求（尤其是喷涂的情况下）。

5.2.3　涂膜雾影检测

涂膜雾影是高光泽涂膜由于光线照射而产生的漫反射现象，雾影只在高光泽下产生，且光泽必须在90以上（用20°几何条件测定）。

一般涂料产品的雾影值应控制在20以下，否则涂膜雾影很大，将严重影响高光泽涂膜的外观，尤其对浅色漆的影响更为显著。测量雾影值可据此来确定合理的研磨分散时间，也可作为正确选择助剂和助剂浓度的有效手段。

1. 相关标准

1）GB/T 3186—2006《色漆、清漆和色漆与清漆用原材料　取样》。

2）GB/T 13452.2—2008《色漆和清漆　漆膜厚度的测定》。

3）GB/T 20777—2006《色漆和清漆　试样的检查和制备》。

2. 检测设备

雾影光泽仪如图5-2所示，常见的有No.4600雾影光泽仪（德国BYK-Gardner公司）。

3. 检测原理

利用涂膜表面接近20°反射光两侧（±0.9°）处接收的散射光，以测出涂膜的反射雾影，雾影检测原理如图 5-3 所示。

4. 检测步骤

首先用光泽和雾影标准板校正仪器，然后把试板放在样品升降台上，紧贴测试孔，液晶显示屏上就能同时显示出该涂膜的 20°光泽值和雾影值。

5. 检测结果及评定

检测结果范围是 0~250。

图 5-2　雾影光泽仪

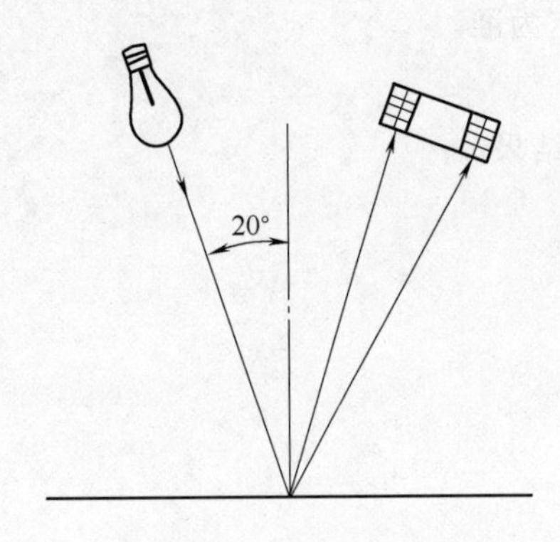

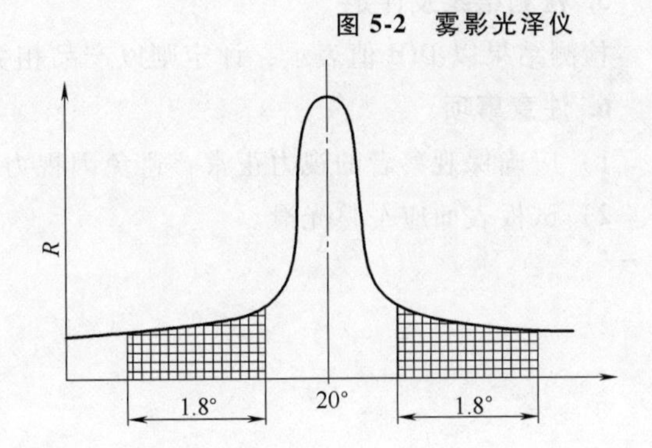

图 5-3　雾影检测原理

5.2.4　涂膜鲜映性检测

涂膜鲜映性指涂膜表面反映影像（或投影）的清晰程度，以图像清晰度（distictness of image，DOI）值表示。鲜映性是一项能表征与涂膜装饰性相关的一些性能（如光泽、平滑度、丰满度等）的综合指标，测定的实际上也是涂膜的散射和漫反射的综合效应。它可用来对飞机、汽车、精密仪器、家用电器，特别是高级轿车车身等的涂膜装饰性进行等级评定。

1. 相关标准

1）GB/T 3186—2006《色漆、清漆和色漆与清漆用原材料　取样》。

2）GB/T 13452. 2—2008《色漆和清漆　漆膜厚度的测定》。

3）GB/T 20777—2006《色漆和清漆　试样的检查和制备》。

2. 检测设备

检测设备为涂膜鲜映性测定仪。

3. 检测原理

涂膜鲜映性测定仪的关键装置是一系列标准的鲜映性数码板，以数码表示等级，分为0. 1、0. 2、0. 3、0. 4、0. 5、0. 6、0. 7、0. 8、0. 9、1. 0、1. 2、1. 5、2. 0 共十三个等级，称为 DOI 值。每个 DOI 值旁印有几个数字，随着 DOI 值升高，旁边的数字越来越小，用肉眼越不易辨认。观察被测表面并读取可清晰地看到的 DOI 值旁的数字，即为相应的鲜映性。

将数码板上的数码通过光的照射及被测表面的反射映照在观测孔中，通过测量者的肉眼观测，读出鲜映性级别DOI值，达到测量涂膜表面装饰性能指标的目的。DOI值越高，鲜映性越好。

4. 检测步骤

将标准反射板放在桌上，将仪器底部的测量窗口对准标准反射板放好，然后按下电源开关，从目镜筒观察映照在标准反射板上的数码板，确认可清晰地读取数码板上DOI值为1.0的数字；将仪器置于被测物体表面，使测量窗口与被测面对好，按动电源开关，从目镜筒中观察被映照的数码，读取可清晰辨认的DOI值数字。

5. 检测结果及评定

检测结果以DOI值表示，评定则以产品相关标准规定为准。

6. 注意事项

1）应确保观察者的视力正常，避免因视力影响检测结果。

2）试板表面应平整光滑。

第6章

涂膜力学性能检测

涂膜的力学性能也就是涂膜的物理力学性能，是涂料很重要的性能指标，是涂料质量优劣的重要表征，主要以附着力、柔韧性、耐冲击性、硬度耐磨性、磨光性、打磨性、耐洗刷性等表示。

6.1 涂膜附着力检测

涂膜与被涂物体表面通过物理和化学力的作用结合在一起的坚牢程度，称为附着力。附着力不好的产品，容易和物体表面剥离而失去其防护与装饰效果，所以，附着力是涂膜性能检测中最重要的指标之一。通过这个项目的检测，可以判断涂料配方是否合适。附着力的测定有划圈法、划格法、拉开法等。

附着力检测的国家标准分别是 GB/T 1720—2020《漆膜划圈试验》、GB/T 9286—2021《色漆和清漆　划格试验》和 GB/T 5210—2006《色漆和清漆　拉开法附着力试验》。这三种方法是各自独立的，相互之间无换算关系。它们各有优缺点，采用 GB/T 1720—2020 测定涂膜附着力时，对涂膜的破坏作用，除了垂直的压力，还有转针做旋转运动产生的扭力，此方法适用于测定各种涂膜的附着力；GB/T 9286—2021 的方法比较简单，不需要特殊的仪器设备，不仅应用于实验室，也适用于现场试验；GB/T 5210—2006 的方法本身物料概念清楚，能用数据表示涂膜附着力，但测定过程复杂，且必须等胶黏剂完全固化后才能试验，不如划圈法和划格法快速简单，因此，划圈法、划格法是常用的检验方法。

6.1.1 划圈法

划圈法是用专用的附着力测定仪在涂膜试板上划圆滚线，按圆滚线划痕范围内涂膜的完整程度评定，分为 1~7 级，1 级最好（代表完整无损）。这种方法操作简单，评定方法直观。

1. 相关标准

1）GB/T 3186—2006《色漆、清漆和色漆与清漆用原材料　取样》。

2）GB/T 9278—2008《涂料试样状态调节和试验的温湿度》。

3）GB/T 1727—2021《漆膜一般制备法》。

4）GB/T 9271—2008《色漆和清漆　标准试板》。

5）GB/T 13452.2—2008《色漆和清漆　漆膜厚度的测定》。

6）GB/T 20777—2006《色漆和清漆　试样的检查和制备》。

2. 检测设备

1）漆刷：宽 25~35mm。

2）马口铁板：尺寸为 120m×50mm×(0.2~0.3)mm。

3）放大镜：四倍放大镜。

4）附着力测定仪：QFZ 型涂膜附着力测定仪如图 6-1 所示，试验台丝杠螺距为（1.5±0.1)mm，空载压力为（20±1)kPa，负载砝码质量为（100±1)g、(200±1)g、(500±1)g，转针回转半径可调，标准回转半径为（5.25±0.05)mm。

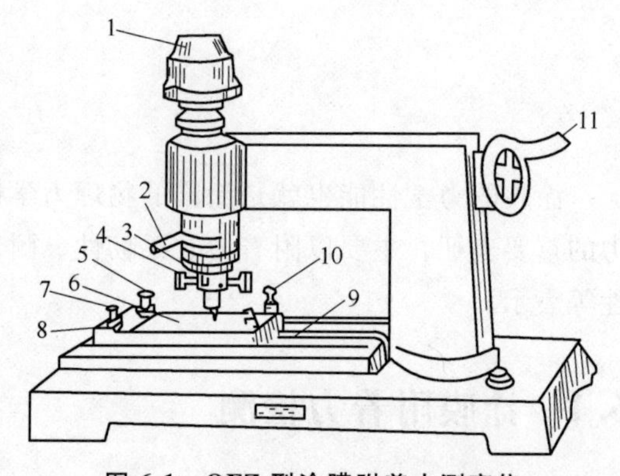

图 6-1　QFZ 型涂膜附着力测定仪

1—荷重盘　2—升降棒　3—卡针盘
4—回转半径调整螺栓　5、8—固定试板调整螺栓
6—试验台　7—半截螺母　9—试验台丝杠
10—调整螺栓　11—摇柄

3. 检测原理

将试板固定在附着力测定仪操作平台上，在平台移动的同时，做圆周运动的转针划透涂膜，并在涂膜上划出重叠圆滚线的纹路，对涂膜的破坏作用，除了垂直的压力，还有转针旋转运动产生的扭力。根据圆滚线划痕范围内涂膜的完整程度判定涂膜附着力。

4. 检测步骤

1）制备试板：在马口铁板上（或按产品标准规定的底材）按标准制备试板 3 块。

2）试板养护：将试板置于标准温湿度环境下，按涂膜产品标准要求时间养护，涂膜实际干燥后，待测。

3）测试前先检查转针针尖是否锐利，如不锐利应予更换。

4）检查划痕与标准回转半径是否相符，如不符应及时加以调整。

5）测定时将试板固定在试验台上，使转针尖端接触到涂膜，均匀摇动摇柄，转速以 80~100r/min 为宜。划痕标准图长（7.5±0.5)cm。划完后，取出试板，除去划痕上的漆屑。

5. 检测结果及评定

用 4 倍放大镜或目视观察划痕的上侧，依次标出 1~7 共七个部位，相应分为 7 个等级（见图 6-2）。按顺序检查各部位涂膜的完整程度，如某一部位的格子有 70%以上完好，则定为该部位是完好的，否则应认为坏损。以涂膜完好的最低等级表示涂膜的附着力，结果以至少两块试板的级别一致为准，1 级最好，7 级最差。划痕下侧为 1~8 的八个部位无须考察。

6. 注意事项

1）转针针尖必须锐利，否则应及时更换。

2）转针的标准回转半径应符合要求。

3）除另有规定，涂膜的恒温恒湿标准环境为温度（23±2)℃，相对湿度（50±5)%。

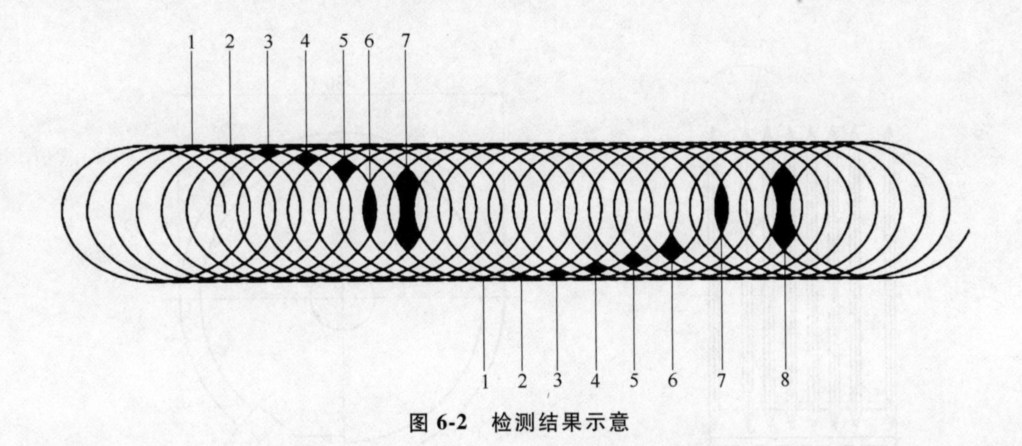

图 6-2　检测结果示意

4）除另有规定，一般涂膜在恒温恒湿条件下进行状态调节 48h（包括干燥时间在内）；挥发性漆状态调节 24h（包括干燥时间在内），然后进行各种性能的测试。

5）涂膜厚度按标准制备及测量。

6.1.2　划格法

GB/T 9286—2021 规定了在以直角网格图形切割涂层并穿透至底材来评定涂层从底材上脱离的抗性的一种试验方法，即划格法。该方法不仅应用于实验室，也适用于现场试验。

1. 相关标准

相关标准与 6.1.1 小节相同。

2. 检测设备

（1）切割刀具

1）单刀（见图 6-3）：该刀具适用于任何底材。

2）多刀（见图 6-4）：刀刃间距分别为 1mm、2mm，该刀具不适用于涂膜厚度大于 120μm 或坚硬涂层或施涂在软底材上的涂层。

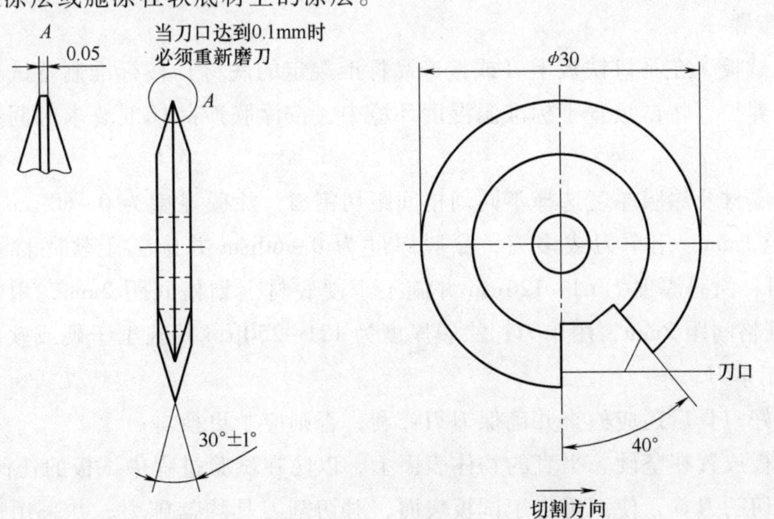

图 6-3　单刀示意图

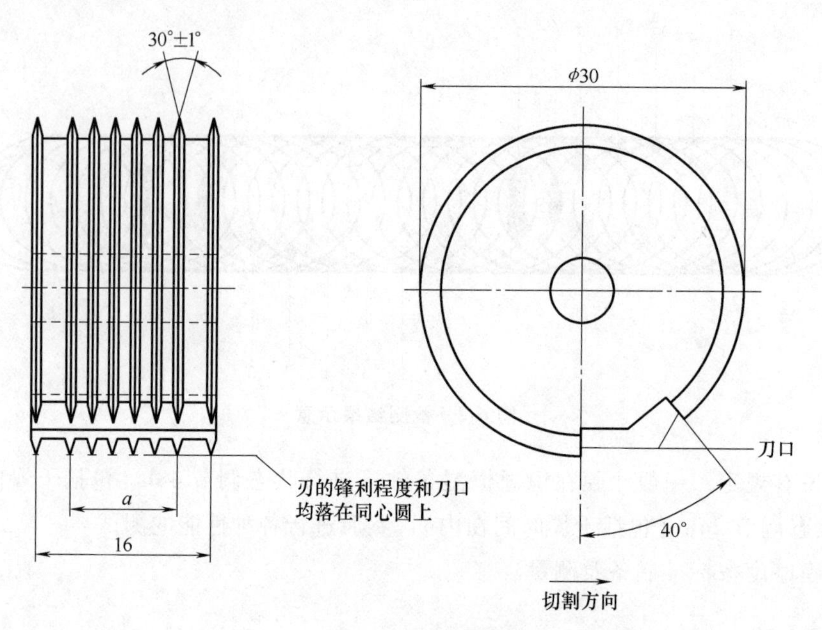

图 6-4　多刀示意图

注：刀刃间距为 1mm 时，a = 5mm；刀刃间距为 2mm 时，a = 10mm。

（2）透明压敏胶黏带　宽 25mm，附着力（10±1）N/25mm 或商定。

（3）软底材　木材和塑料，尺寸为 150mm×100mm，厚度小于 10mm。

（4）硬底材　钢板、马口铁板等，尺寸为 150mm×100mm，厚度小于 0. 25mm。

（5）放大镜　放大倍数为 2 倍或 3 倍。

3. 检测原理

用切割刀具在准备好的规定样板上纵横垂直交叉切割 6 条平行切割线（间距由涂层厚度和底材硬度确定），硬底材试验时用透明压敏胶黏带粘贴涂层切断处，均匀撕去胶带，检测切割涂层的破坏情况。

4. 检测步骤

1）制备试板，在马口铁板上（或按产品标准规定的底材）按标准制备试板 3 块。

2）试板养护，将试板置于标准温湿度环境中，按涂膜产品标准要求时间养护涂膜实干后，待测。

3）根据底材及涂膜厚度选择不同划格间距切割刀：涂膜厚度为 0～60μm 并施工于硬底材上划格间距 1mm，用单刀或多刀；涂膜厚度为 0～60μm 并施工于软底材上，划格间距 2mm，用单刀；涂膜厚度为 61～120μm 并施工于硬底材上划格间距 2mm，用多刀，如施工于软底材上划格间距 2mm，用单刀；涂膜厚度为 121～250μm 并施工于硬或软底材上，划格间距 3mm，用单刀。

4）选择好刀具后还应检查并确保刀刃锋利，否则应予更换。

5）将试板放置在坚硬、平直的物体表面上，以防在试验过程中试板的任何变形。

6）握住切割刀具，使刀垂直于试板表面，对切割刀具均匀施力，并采用适宜的间距导向装置，用均匀的切割速率在涂层上形成固定的切割数，所有切割都应划至底材表面。

7）重复以上操作，再做相同数量的平行切割线，与原先切割线成90°角相交，以形成网格图形。

8）一块试板上可进行三组切割，每组之间边缘距离应大于5mm，同时距试板边缘也应大于5mm。每个方向切割数为6条平行线。

9）切割完毕，用软毛刷沿网格图形每一条对角线轻轻向后扫几次，再向前扫几次。

10）只有硬底材才另外施加胶黏带。除去胶黏带最前面一段，然后剪下长约75mm的胶黏带，将其中心点放在网格上方压平，并使其与涂膜完全接触。胶黏带长度至少超过网格20mm。在贴上胶黏带5min内，拿住胶黏带悬空的一端，并以尽可能接近60°的角度用0.5~1.0s的时间将其撕离，观察涂膜脱落现象。

5. 检测结果及评定

1）在良好的照明环境中，用目视或放大镜仔细检测涂层的切割区。在观察中，转动试板，以使试验面的观察和照明不局限在一个方向。

2）根据表6-1中对0~5级的划分规定对涂膜划格区域脱落情况进行判定。以三组切割评定一致的结果报出。

表6-1　试验结果分级

分级	说明	发生脱落的十字交叉切割区域表面外观
0	切割边缘完全平滑，无一格脱落	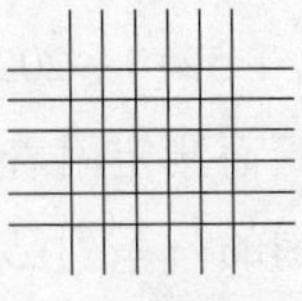
1	在切口交叉处有少许涂层脱落，但受影响的交叉切割面积不能明显大于5%	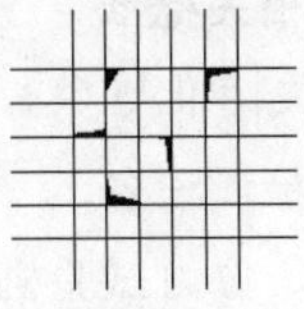
2	在切口交叉处和/或沿切口边缘有涂层脱落，受影响的交叉切割面积明显大于5%，但不能明显大于15%	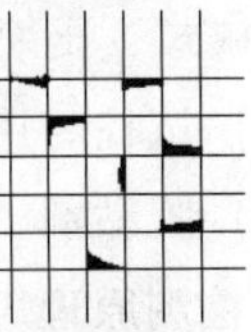
3	涂层沿切割边缘部分或全部以大碎片脱落，和/或在各自不同部位上部分或全部脱落，受影响的交叉切割面积明显大于15%，但不能明显大于35%	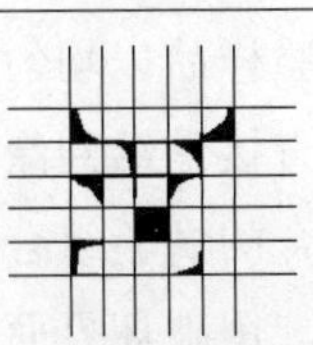
4	涂层沿切割边缘大碎片剥落，和/或一些方格部分或全部出现脱落。受影响的交叉切割面积明显大于35%，但不能明显大于65%	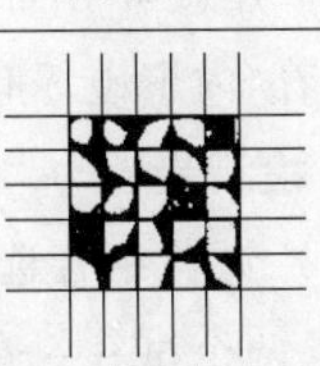

（续）

分级	说明	发生脱落的十字交叉切割区域表面外观
5	剥落的程度超过4级	

6. 注意事项

1）正确选择刀具。

2）胶黏带的粘贴及剥离角度、时间应按标准规定。

3）木纹的方向和结构可能影响试验结果，而且明显的木纹会使评定不能进行。

4）除另有规定，涂膜的恒温恒湿标准环境为温度（23±2）℃，相对湿度（50±5）%。

5）除另有规定，一般涂膜在恒温恒湿条件下进行状态调节48h（包括干燥时间在内）；挥发性漆状态调节24h（包括干燥时间在内），然后进行各种性能的测试。

6）涂膜厚度按标准制备及测量。

6.1.3 拉开法

GB/T 5210—2006规定在色漆、清漆或相关产品的单涂层或多涂层体系上进行拉开法附着力试验而测定附着力的试验方法。对于比较不同涂层的附着力大小是有效的，对附着力有明显差别的一系列已涂漆试板提供相对评定等级则更为有效。该方法适用于多种底材。

1. 相关标准

相关标准与6.1.1小节相同。

2. 检测设备

（1）拉力试验机　能施加均匀的且增加不超过1MPa/s的应力，使破坏过程在90s内完成，机械式、压缩空气式、液压式或手动式均可。

（2）试柱　用金属加工而成，直径为20mm或7mm。

（3）胶黏剂　胶黏剂的内聚力和黏结性要大于受试涂层的内聚力和黏结性。

3. 检测原理

试验样品以均匀厚度施涂于表面结构一致的平板上，涂层体系干燥/固化后，用胶黏剂将试柱直接黏结到涂层的表面上。胶黏剂固化后，将黏结的试验组合置于适宜的拉力试验机上，黏合的试验组合经可控的拉力试验（拉开法试验），测出破坏涂层/底材间附着力所需的拉力。用破坏界面剂（附着破坏）的拉力或自身破坏（内聚破坏）的拉力来表示试验结果，附着/内聚破坏有可能同时发生。

4. 检测步骤

（1）试验组合选择

1）两个试柱：在坚硬的和易变形的底材上通用的试验方法，从涂漆底材上截取试片，直径至少 30mm 的圆片或边长至少 30mm 的正方形。将胶粘涂在两个清洁干净且直径相同的试柱的表面上。将试片放在两个表面涂有胶黏剂的试柱上，两个试柱应位于试片的中央且同轴心排列（见图 6-5）。胶黏剂固化后，使用切割装置沿试柱的周围切透至底材。

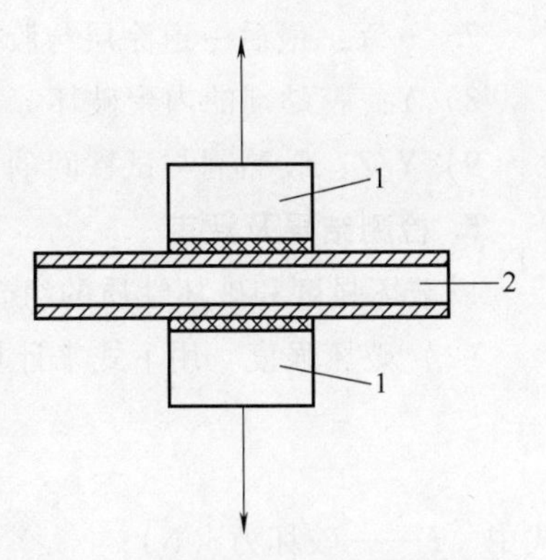

图 6-5　在单面或双面涂漆的底材上进行夹层式试验的试验组合

1—涂有胶黏剂的试柱

2—单面或双面涂漆的底材

2）单个试柱：仅适合坚硬底材从单侧进行试验的方法，将胶黏剂均匀地涂在未涂漆的、清洁干净的试柱表面（见图 6-6）。胶黏剂固化后，使用切割装置沿试柱的周围切透至底材。

3）试柱法：其中一个试柱作为已涂漆底材，将胶黏剂均匀涂在一个未涂漆的、清洁干净的试柱表面，把试柱涂有胶黏剂的表面与另一个试柱涂有受试产品的表面相连（见图 6-7）。

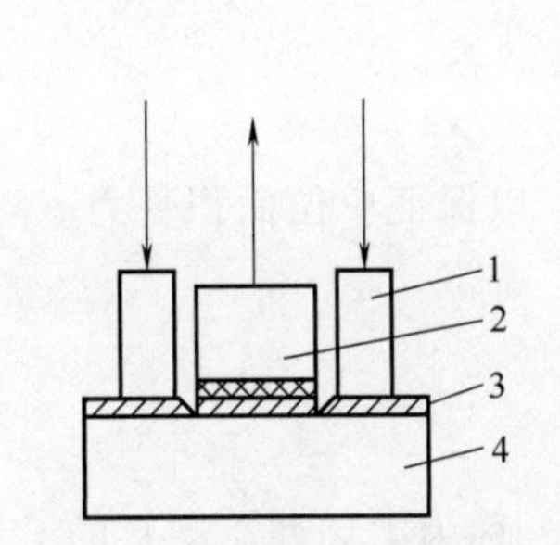

图 6-6　坚硬底材上的试验组合

1—外圆环　2—涂有胶黏剂的试柱

3—涂层　4—底材

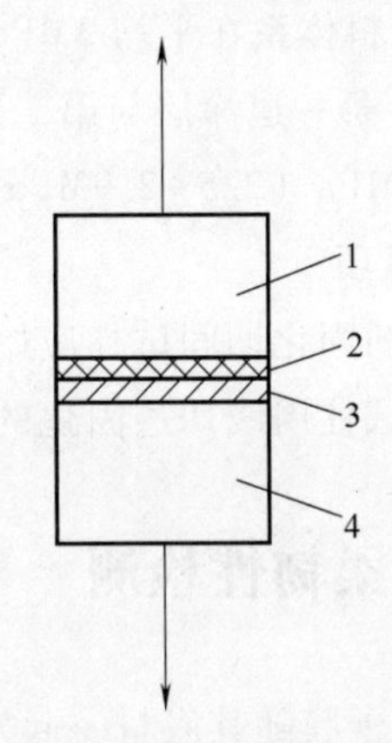

图 6-7　仅适用试柱的试验组合

1—涂漆试柱　2—涂膜

3—胶黏剂　4—涂有胶黏剂的试柱

（2）测量　胶黏剂固化后，立即把试验组合置于拉力试验机下，小心地定中心放置试柱，使拉力均匀地作用于试验面积上而没有任何弯曲动作。对涂漆底材平面垂直方向施加拉伸应力，该应力以不超过 1MPa/s 的速度稳步增加，试验组合的破坏应从施加应力起 90s 内完成。

（3）破坏形式　破坏形式按以下符号表示。

1）A：底材内聚破坏。

2）A/B：第一道涂层与底材间的附着破坏。

3）B：第一道涂层的内聚破坏。

4）B/C：第一道涂层与第二道涂层间的附着破坏。

5）n：复合涂层的第 n 道涂层的内聚破坏。

6）n/m：复合涂层的第 n 道涂层与第 m 道涂层间的附着破坏。

7）-/Y：最后一道涂层与胶黏剂间的附着破坏。

8）Y：胶黏剂的内聚破坏。

9）Y/Z：胶黏剂与试柱间的胶接破坏。

5. 检测结果及评定

以破坏强度和破坏性质的组合表示结果。

（1）破坏强度　用下式来计算试验组合的破坏强度 σ，以 MPa 计。

$$\sigma=\frac{F}{A}$$

式中　F——破坏力（N）；

A——试柱面积（mm^2）。

计算所有六次测定的平均值，精确到整数，用平均值和范围表示结果。

（2）破坏性质　对每种破坏类型，估计破坏面积的百分数，精确至10%。至少在6个试验组合上重复进行系列试验。以平均破坏面积百分数及破坏类型来表示。

例如，涂料体系在平均3MPa的拉力下破坏，检查表明第一道涂层的内聚破坏面积平均大约为20%，第一道涂层与第二道涂层间的附着破坏面积大约为80%，则拉开法试验的结果可表示为3MPa（2.5~2.9MPa），20%B，80%B/C。

6. 注意事项

1）胶黏剂固化期间试柱应始终保持不动。

2）应沿试柱周线切透固化的胶黏剂和涂膜直达底材，以保证单位面积受力。

6.2　涂膜柔韧性检测

涂膜或腻子膜随其底材一起发生变形而不破损的能力，称为柔韧性。涂料的柔韧性与所用的树脂种类、分子量、油度、颜基比等有关，也与涂层变形的时间和速度有关。

涂膜柔韧性是衡量涂料性能的重要指标之一，对涂料品种的选择和应用具有很大的参考价值。例如，涂膜在外力作用下很容易拉长，但在除去外力以后，涂膜又没有明显的收缩，像这类塑性涂料是不适合涂刷在经常受膨胀、压缩等的材料和设备上，否则涂膜就会出现起皱、龟裂、脱落等现象，失去涂刷涂料的意义。

涂膜的柔韧性是指涂膜受外力作用而发生弯曲时，所表现出来的弹性、塑性和附着力等综合性能。常用的检测方法有轴棒测定器检测法和圆柱轴弯曲试验仪检测法。轴棒测定器检测法对应的国家标准为GB/T 1731—2020《涂膜、腻子膜柔韧性测定法》；圆柱轴弯曲试验仪检测法对应的国家标准为GB/T 6742—2007《色漆和清漆　弯曲试验（圆柱轴）》；圆锥轴弯曲试验仪检测法对应的国家标准为GB/T 11185—2009《色漆和清漆　弯曲试验（锥形轴）》。以上三种检测方法在原理上是相通的，但它们各有优缺点，判定结果的区别也很大。GB/T 1731—2020中的检测方法操作简单方便、应用广泛，判定结果是“以不引起涂膜破坏的轴棒直径表示”；GB/T 6742—2007中的检测方法采用整版试验，且手掌不直接接触涂膜，消除了人体对试板温度升高的影响，判定结果是“以最先使涂膜破坏的轴棒直径表示”；

GB/T 11185—2009 中的检测方法也采用整版试验，且避免了用一套常规轴棒进行试验带来的结果不连续性，判定结果是以轴小端至涂膜开裂处的距离表示。

6.2.1 涂膜、腻子膜柔韧性测定法

GB/T 1731—2020 规定了使用柔韧性测定仪测定涂膜柔韧性的方法，测定时将涂漆的马口铁板在不同直径的轴棒上弯曲，并以不引起涂膜破坏的最小轴棒直径表示涂膜的柔韧性。这种方法原理简单、易操作。

1. 相关标准

1）GB/T 3186—2006《色漆、清漆和色漆与清漆用原材料 取样》。

2）GB/T 9278—2008《涂料试样状态调节和试验的温湿度》。

3）GB/T 1727—2021《涂膜一般制备法》。

4）GB/T 9271—2008《色漆和清漆 标准试板》。

5）GB/T 13452.2—2008《色漆和清漆 涂膜厚度的测定》。

6）GB/T 20777—2006《色漆和清漆 试样的检查和制备》。

2. 检测设备

（1）放大镜 4倍放大镜。

（2）马口铁板 尺寸为20m×25mm×(0.2~0.3)mm。

（3）柔韧性测定仪 柔韧性测定仪如图6-8所示，由粗细不同的7根钢制轴棒组成，每个轴棒长度35mm，轴棒1~轴棒4的直径依次为$\phi15_{-0.05}^{\ 0}$mm、$\phi10_{-0.05}^{\ 0}$mm、$\phi5_{-0.05}^{\ 0}$mm、$\phi4_{-0.05}^{\ 0}$mm；轴棒5~轴棒7的高度约为10mm，厚度依次为3mm、2mm、1mm，曲率半径依次为（1.5±0.1）mm、(1.0±0.1)mm、(0.5±0.1)mm。

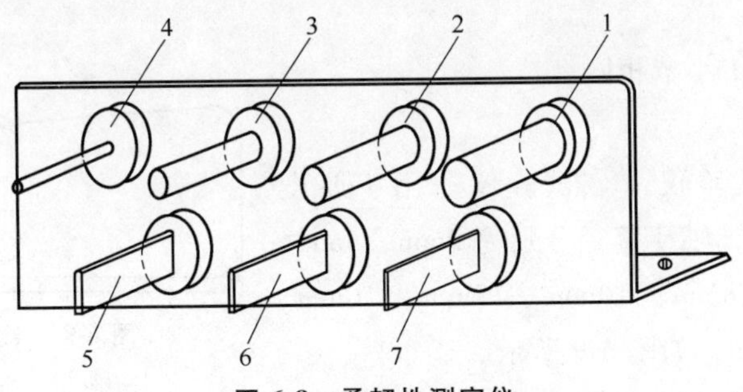

图6-8 柔韧性测定仪

1—轴棒1 2—轴棒2 3—轴棒3 4—轴棒4 5—轴棒5 6—轴棒6 7—轴棒7

3. 检测原理

通过将涂膜随其底材一起受力变形，检查其破裂延长情况，其中也包括了涂膜与底材的界面作用。

4. 检测步骤

1）制备试板：在马口铁板上按标准制备试板3块。

2）试板养护：将试板置于标准温湿度环境中，按涂膜产品标准要求时间养护涂膜实干后，待测。

3）将涂膜面朝上，用双手将涂漆试板紧压在所需直径的轴棒上，在 2~3s 内，利用两根大拇指以平稳速度绕棒弯曲试板，弯曲后两拇指应对称于轴棒的中心线。

5. 检测结果及评定

（1）检测结果　用目视或 4 倍放大镜观察涂膜有无网纹、裂纹及剥落等破坏现象，以试板在不同直径的轴棒上弯曲而不引起涂膜破坏的最小轴棒直径表示该涂膜的柔韧性。

（2）检测结果评定　结果以至少两次试验为观察到网纹、裂纹及剥落现象的最小轴棒直径（mm）表示。

6. 注意事项

1）试板应紧压于轴棒上。

2）弯曲动作应在 2~3s 内完成。

3）弯曲时两拇指用力应均匀。

4）除另有规定，涂膜的恒温恒湿标准环境为温度（23±2)℃，相对湿度（50±5)%。

5）除另有规定，一般涂膜在恒温恒湿条件下进行状态调节 48h（包括干燥时间在内）；挥发性漆状态调节 24h（包括干燥时间在内），然后进行性能的测试。

6）涂膜厚度按标准制备及测量。

6.2.2　色漆和清漆的弯曲试验（圆柱轴）

GB/T 6742—2007 规定了一种评定色漆、清漆或相关产品的涂层在标准条件下绕圆柱轴弯曲时的抗开展性和/或从金属或塑料底材上剥落的性能的经验性试验方法。该标准中规定了两种类型的仪器，Ⅰ型和Ⅱ型。Ⅰ型适用于厚度不大于 0.3mm 的试板，Ⅱ型适用于厚度不大于 1.0mm 的试板。Ⅱ型是常采用的试验仪。

1. 相关标准

相关标准与 6.2.1 小节相同。

2. 检测设备

（1）Ⅰ型弯曲试验仪　该试验仪适用于厚度 0.3mm 及以下的试板，轴棒直径分别为 2mm、3mm、4mm、5mm、6mm、8mm、10mm、12mm、16mm、20mm、25mm 和 32mm，如图 6-9 所示。

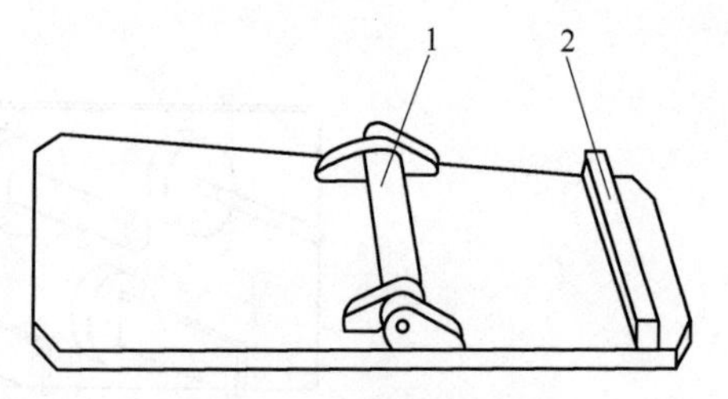

图 6-9　Ⅰ型弯曲试验仪

1—轴　2—相当于轴高的挡条

（2）Ⅱ型弯曲试验仪　该试验仪适用于厚度不大于 1.0mm 的试板，轴棒直径分别为 2mm、3mm、4mm、5mm、6mm、8mm、10mm、12mm、16mm、20mm、25mm 和 32mm，如图 6-10 所示。

（3）底材　马口铁板。

3. 检测原理

在标准条件下使试板绕圆柱轴弯曲 180°后，评定涂层绕圆柱轴弯曲时的抗开裂性或从金属或塑料底材上剥落的性能。

4. 检测步骤

1）制备试板：在马口铁板上（或按产品标准规定的底材）按标准制备试板。

2）试板养护：将试板置于标准温湿度环境中，按涂膜产品标准要求时间养护涂膜实干后，待测。

3）用规定的单一直径的轴的测定步骤如下。

① 若采用Ⅰ型弯曲试验仪试验，将仪器完全打开，装上合适的轴棒，插入试板，并使涂漆面朝座板。在1~2s内以平稳的速度合上仪器，使试板绕轴弯曲180°。

② 若采用Ⅱ型弯曲试验仪试验，将仪器放稳，在弯曲部件和轴棒之间，以及推力轴承和夹紧鄂之间，从上面插入试板，使待测涂层背朝轴棒。拉动调节螺栓以移动推力轴承，使试板处于垂直位置，并与轴接触，通过旋转调节螺栓用夹紧颚将试板固定。转动螺旋手柄使弯曲部件与涂层接触。实际的弯曲过程是在1~2s内以恒定的速度抬起螺旋手柄使其转过180°，这样试板也弯曲了180°。

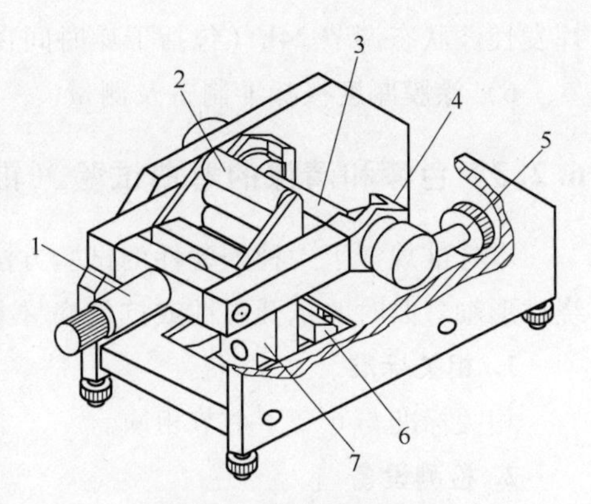

图6-10　Ⅱ型弯曲试验仪

1—螺旋手柄　2—弯曲部件　3—轴棒
4—轴棒支承件　5—调节螺栓
6—夹紧颚　7—推力轴承

③ 转动螺栓手柄至初始位置，取出试板。然后用合适的操作部件（螺旋手柄、调节螺栓）松开弯曲部件和夹紧颚。

4）若在非（23±2）℃/(50±5)%条件下进行试验，将试板正确插入Ⅰ型或Ⅱ型试验仪中，使其被弯曲后涂漆面朝外。将装有试板的试验仪放入已预先调好温度的测试箱中，放置16h后，取出后在1~2s内进行弯曲试验。

5）测定引起涂层破坏的最大轴径的步骤，按规定的步骤在一系列试板上进行试验，用规定的方法检查每一块试板，依次用轴进行试验，直至涂层开裂或从底材上剥落。找出使涂层开裂或剥落的最大直径的轴，用相同的轴在另一块待测试板上重复这一步骤，确认结果后记录该直径。如果用最小直径的轴涂层也未出现破坏，则记录该涂层在最小直径的轴上弯曲时亦无破坏。

5. 检测结果及评定

1）用正常视力或10倍放大镜，检查涂层是否开裂或从底材上剥落，距试板边缘10mm内的涂层不考虑。

2）如用单一轴表示结果，则用规定直径的轴弯曲检测试板，报告涂层是否开裂和/或从底材上剥落。

3）如用引起涂层破坏的最大轴径表示结果，则报告使涂层开裂和/或从底材上剥落的最大轴径，或报告使用最小直径的轴亦无破坏。

6. 注意事项

1）如果是Ⅰ型试验仪，检测时不能将试板从仪器中取出。

2）底材应平整、无扭曲，无可见的皱纹或裂纹。

3）弯曲动作应在1~2s内完成。

4）除另有规定，涂膜的恒温恒湿标准环境为温度（23±2）℃，相对湿度（50±5）%。

5）除另有规定，一般涂膜在恒温恒湿条件下进行状态调节48h（包括干燥时间在内）；

挥发性漆状态调节 24h（包括干燥时间在内），然后进行性能测试。

6）涂膜厚度按标准制备及测量。

6.2.3 色漆和清漆的弯曲试验（锥形轴）

本标准规定了一种经验性的试验方法来评定色漆、清漆或相关产品的涂层在标准条件下绕锥形轴弯曲时的抗开展性或抗从底材上剥落的性能。

1. 相关标准

相关标准与 6.2.1 小节相同。

2. 检测设备

（1）圆锥弯曲试验仪　仪器中心轴为圆锥体，小端直径为（3.1±0.1）mm；大端直径为（38±0.1）mm；整个锥体长为（203±3）mm，如图 6-11 所示。

（2）底材　长方形的钢板、马口铁板或软铝板，尺寸约为 75mm×150mm，厚度不大于 0.8mm。

3. 检测原理

在标准条件下使试板绕圆柱轴弯曲 180°后，评定涂层绕锥形轴时的抗开裂性或从金属或塑料底材上剥落的性能。

图 6-11　圆锥弯曲试验仪

4. 检测步骤

1）制备试板，在马口铁板上（或按产品标准规定的底材）按标准制备试板。

2）试板养护，将试板置于标准温湿度环境中，按涂膜产品标准要求时间养护涂膜实干后，待测。

3）经商定，可在与试板短边平行且距短边 20mm 处，将涂层切透至底材（如果没有进行切割，从轴的细端开始的开裂会延伸至整个锥体的长度）。

4）将试板涂膜面朝拉杆插入，使其一个短边与轴的小端相接触。将试板夹住后，用拉杆均匀平稳地弯曲试板，使其在 2~3s 内绕轴弯曲 180°，记录与轴小端相距最远的涂层开裂处，然后取出试板。

5. 检测结果及评定

1）用 10 倍放大镜或目视观察涂膜从试板上开裂或脱落的情况。沿着试板测量从轴的细端到最可见开裂处的距离，以此表示试板上开裂范围的长度，以 mm 计。

2）计算三次测定的平均值，并报告结果，精确到 mm。

6. 注意事项

1）底材应平整、无扭曲，无可见的皱纹或裂纹。

2）弯曲动作应在 2~3s 内完成。

3）应避免不正确的操作而引起试板温度升高。

4）除另有规定，涂膜的恒温恒湿标准环境为温度（23±2）℃，相对湿度（50±5）%。

5）除另有规定，一般涂膜在恒温恒湿条件下进行状态调节48h（包括干燥时间在内）；挥发性漆状态调节24h（包括干燥时间在内），然后进行性能测试。

6）涂膜厚度按标准制备及测量。

6.3　涂膜杯突试验检测

杯突试验是色漆、清漆及相关产品的涂层在标准条件下使之逐渐变形后，用于评价其抗开裂或与金属底材分离的性能。最初，杯突试验主要用来测定金属板材的强度和变形性能，若冲压出现裂纹，其压入深度即为金属板材的强度。对于试验金属底材上的涂膜，实际上就是在底材伸长的情况下，测定它的强度、弹性及其对金属的附着力。采用冲压变形的方式测定涂膜的延展性，是对弯曲变形的方法测定涂膜柔韧性的补充和完善。

杯突试验检测标准是GB/T 9753—2007《色漆和清漆　杯突试验》，该标准规定了一个经验性的试验程序，评价色漆、清漆及相关产品的涂层在标准条件下经压陷逐渐变形后，其抗开裂或抗与金属底材脱离的性能。

1. 相关标准

1）GB/T 3186—2006《色漆、清漆和色漆与清漆用原材料　取样》。

2）GB/T 9271—2008《色漆和清漆　标准试板》。

3）GB/T 1727—2021《涂膜一般制备法》。

4）GB/T 13452.2—2008《色漆和清漆　涂膜厚度的测定》。

5）GB/T 9278—2008《涂料试样状态调节和试验的温湿度》。

2. 检测设备

（1）杯突试验仪（见图6-12）

1）冲头直径20mm，移动速度为0.1~0.3mm/s。

2）测量装置，能测量由冲头得到的压陷深度（精度到0.1mm）及试板厚度（精确到0.01mm）。

（2）显微镜或放大镜　放大倍数最好扩大到10倍。

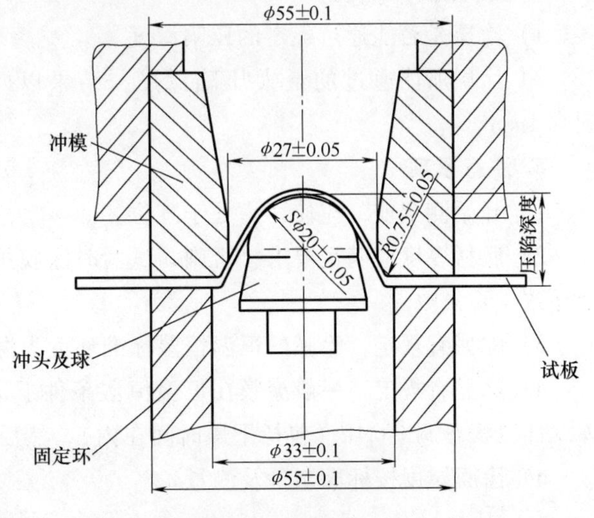

图6-12　杯突试验仪

3. 检测原理

杯突试验是用仪器头部的一球形冲头，恒速地推向涂漆试板背面，以观察正面涂膜是否开裂或从底材上剥离。当涂膜破坏时，冲头压入的最小深度即为杯突指数［也称为艾利克逊（Erichsen）数］，以mm表示。它与耐冲击性所表现的性能不同。

4. 检测步骤

（1）制备试板　在马口铁板上（或按产品标准规定的底材）按标准制备试板。

（2）试板养护　将试板置于标准温湿度环境，按涂膜产品标准要求时间养护涂膜实干后，待测。

（3）测定涂层是否通过规定的单一压陷深度的程序

1）按下列程序进行两次重复测定（如果结果不同，应再进行补充试验）。

2）将试板牢固地固定在固定环和伸缩冲模之间，不施加额外压力，涂层面向冲模，并使冲头半球形的顶端刚好与试板未涂漆的一面接触，此时仪器读数自动归零，即（冲头处于零位）。调整试板直至冲头的中心轴线与试板的交点离试板边缘至少相距35mm为止。

3）将冲头的半球形顶端以每秒0.1～0.3mm的恒速推向试板，直至达到规定深度，即冲头从零位开始移动的距离。

4）用校正过的正常视力或者（如果需要）可采用显微镜或10倍放大镜检查试板的涂层是否开裂及从底材上脱落。

如果使用显微镜或者放大镜，则必须在试验报告中加以说明，以免与采用正常视力观察得到的结果进行错误比较。

（4）测定引起破坏的最小压陷深度的程序

1）除另有规定，应按照规定的程序测试试板，直至用经校正的正常视力或（如果需要）用显微镜或10倍放大镜观察到涂层表面首次出现开裂和/或涂层开始从底材脱离为止。

2）将冲头停在该点并测量压陷深度，精确到0.1mm，即冲头从零位所移动的距离。用一块新试板重复测定来确认其结果（如果结果不同，须再次进行测定）。

5. 检测结果及评定

1）涂层是否能通过规定的压陷深度。

2）涂层所能通过的最大压陷深度，结果以两次平行测定试验一致的值表示，精确到0.1mm。

6. 注意事项

1）开始测定前，应使冲头处于零位。

2）底材厚度应满足要求，否则，试验时涂膜虽未破坏或脱落，但底材已经开裂，从而会导致试验失败。

3）除另有规定，涂膜的恒温恒湿标准环境为温度（23±2）℃，相对湿度（50±5）%。

4）除另有规定，一般涂膜在恒温恒湿条件下进行状态调节48h（包括干燥时间在内）；挥发性漆状态调节24h（包括干燥时间在内），然后进行性能测试。

5）涂膜厚度按标准制备及测量。

6.4　涂膜耐冲击性检测

涂膜耐冲击性是指涂于底材上的膜在经受高速率的重力作用下发生快速变形而不出现开裂或从金属底材上脱落的能力。它表现为被测涂膜的柔韧性和对底材的附着力。

由于涂膜在实际应用中往往会因各种原因不可避免的要同其他物体撞击，这时涂膜如果耐冲击性差的话，就很容易从被涂物件上脱落下来，起不到应有的装饰和保护作用。需要注意的是，耐冲击性实际是一个冲击载荷造成的快速变形，应与涂膜经受静态载荷下的冲击性能区分开。静态负荷下的变形受到塑性和时间等因素的影响，而在冲击载荷的情况下就不存在这个问题。

对于涂膜耐冲击性试验的检验，实验室常用的标准是 GB/T 1732—2020《涂膜耐冲击测定法》，该标准中的方法简单、易操作，是很多涂料的产品标准中质量控制要求采用的检验方法。但该方法固定了重锤质量为 1kg、冲头直径为 8mm、落锤高度为 50cm，难以适应各种不同要求的涂膜，有一定的局限性。所以涂膜耐冲击性试验的检验标准也会采用 GB/T 20624. 1—2006《色漆和清漆　快速变形（耐冲击性）试验　第 1 部分：落锤试验（大面积冲头）》和 GB/T 20624. 2—2006《色漆和清漆　快速变形（耐冲击性）试验　第 2 部分：落锤试验（小面积冲头）》。在 GB/T 20624. 2—2006 的方法中，冲击试验仪是固定了重锤质量，冲头直径是 12. 7mm 或 15. 9m，落锤高度是以 25mm 为单位增减的；在 GB/T 20624. 1—2006 的方法中，固定了冲头直径是 20mm，重锤质量和落锤高度都可以根据试验具体情况进行增减。

6. 4. 1　涂膜耐冲击测定法

GB/T 1732—2020 规定了以固定质量的重锤落在试板上而不引起涂膜破坏的最大高度（cm）表示的涂膜耐冲击试验方法。

1. 相关标准

1）GB/T 3186—2006《色漆、清漆和色漆与清漆用原材料　取样》。

2）GB/T 9278—2008《涂料试样状态调节和试验的温湿度》。

3）GB/T 1727—2021《涂膜一般制备法》。

4）GB/T 9271—2008《色漆和清漆　标准试板》。

5）GB/T 13452. 2—2008《色漆和清漆　涂膜厚度的测定》。

6）GB/T 20777—2006《色漆和清漆　试样的检查和制备》。

2. 检测设备

（1）涂膜冲击器　涂膜冲击器示意图如图 6-13 所示。该仪器重锤质量（1000±1）g：冲头进入凹槽的深度为（2. 0±0. 1）mm：导管刻度为（50. 0±1. 0）cm，分度值为 1cm。

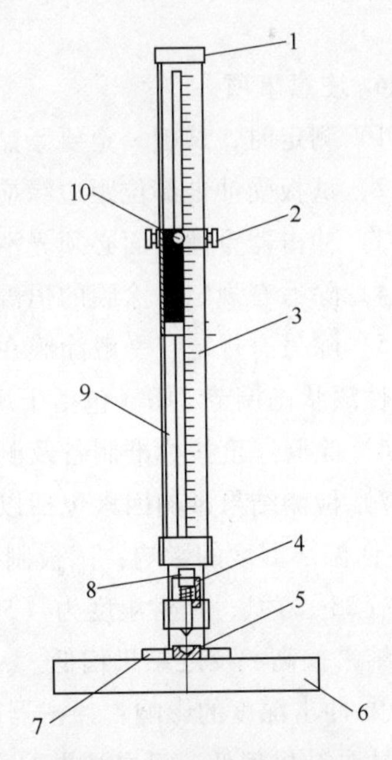

图 6-13　涂膜冲击器示意图

1—导管盖　2—重锤控制器　3—刻度　4—冲头导槽　5—冲模　6—底座　7—支架　8—冲头　9—导管　10—重锤

（2）马口铁板　尺寸为 50mm×120m×0. 3mm。

（3）薄钢板　尺寸为 65mm × 150mm ×（0. 45 ~

0.55)mm（适用于腻子膜测定）。

（4）放大镜　4倍放大镜。

3. 检测原理

以固定质量的重锤落在试板上，使涂膜经受伸长变形而不引起涂膜破坏的最大高度表示该涂膜的耐冲击性，以厘米（cm）表示。

4. 检测步骤

1）制备试板：在马口铁板上（或按产品标准规定的底材）按标准制备试板。

2）试板养护：将试板置于标准温湿度环境，按涂膜产品标准要求时间养护涂膜实干后，待测。

3）将涂漆试板涂膜面朝上平放在仪器底座上，试板受冲击部分距边缘不少于15mm，每个冲击点的边缘相距不得少于15mm。

4）将重锤控制器固定在导管某一高度（其高度由产品标准规定或商定），按压控制按钮，重锤即自由地落于冲头上（试板上）。

5）提起重锤，取出试板。

6）记录重锤落于试板上的高度。

5. 检测结果及评定

（1）检测结果　同一试板进行三次冲击试验，用4倍放大镜观察，以不引起涂膜破坏的最大高度（cm）表示。

（2）检测结果评定　用4倍放大镜观察，看被冲击处涂膜有无裂纹、皱皮及剥落等现象。

6. 注意事项

1）测定时，试板一定要紧贴于底座表面，以免冲击时试板跳动而影响测试结果。

2）试板受冲击部位距边缘应大于15mm：冲击点之间边缘距离也应大于15mm。

3）冲击器重锤表面必须光滑，如有腐蚀、磨损现象必须进行更换。

4）除另有规定，涂膜的恒温恒湿标准环境为温度（23±2）℃，相对湿度（50±5）%。

5）除另有规定，一般涂膜在恒温恒湿条件下进行状态调节48h（包括干燥时间在内）；挥发性漆状态调节24h（包括干燥时间在内），然后进行性能测试。

6）涂膜厚度按标准制备及测量。

7）检测结果影响因素包括以下几方面。

① 温、湿度的影响：试板制备后，放置及测试时的环境均应在恒温恒湿条件下，即温度为（23±2）℃，相对湿度为（50±5）%。一般情况下，温、湿度偏高会造成涂膜变软，耐冲击结果偏高，反之结果偏低。

② 冲击深度的影响：冲击器的冲击深度应在（2.0±0.1）mm范围内。如冲击深度过深，会使冲击结果偏低，反之结果偏高。

③ 底材及表面处理的影响：不同的板材，如马口铁板和薄钢板，经同样的表面处理和涂膜制备，涂膜耐冲击结果往往不同。一般马口铁板比薄钢板测试结果偏低。

④ 涂膜厚度的影响：制备试板时应使涂膜厚度在规定范围内。一般情况下，涂膜偏厚

会使冲击结果偏低，反之偏高。

6.4.2　落锤试验法（大面积冲头）

GB/T 20624.1—2006规定了色漆、清漆或相关产品的干涂层在标准条件下经受一落锤（直径为20mm的球形冲头）撞击产生变形时，抵抗其从底材上开裂或剥落能力的试验方法。

1. 相关标准

相关标准与6.4.1小节相同。

2. 检测设备

（1）落锤仪　主落锤冲头直径为（20±0.3）mm，质量为（1000±1）g，可有（1000±1）g或（2000±2）g的副锤，总载荷可以是1kg、2kg、3kg或4kg（见图6-14、图6-15）。

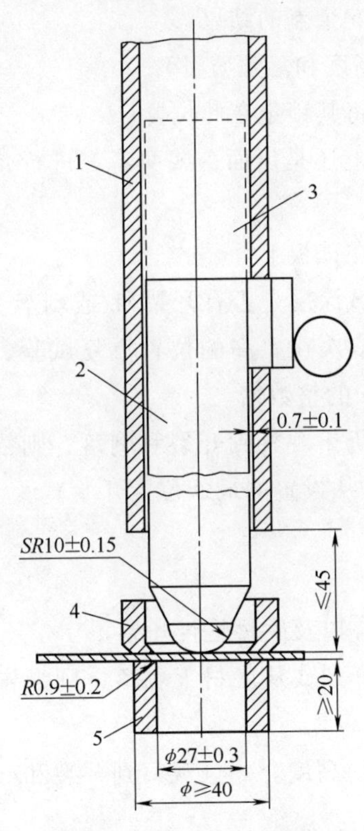

图6-14　落锤仪尺寸图

1—导管　2—主落锤　3—副锤
4—夹紧夹套　5—冲模

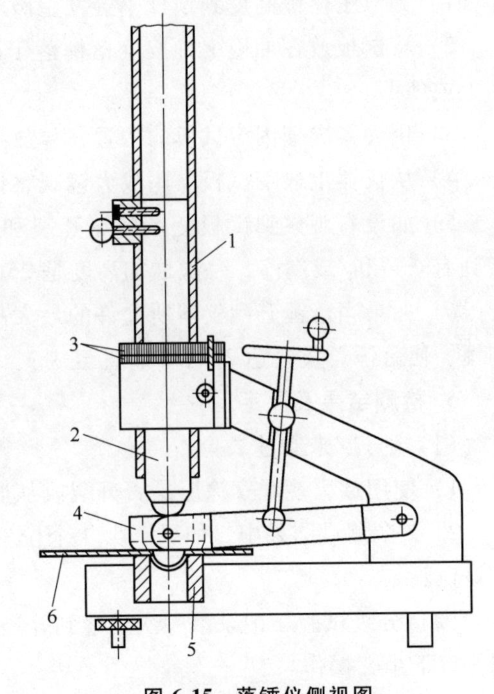

图6-15　落锤仪侧视图

1—导管　2—落锤　3—止动装置
4—夹紧夹套　5—冲模　6—试板

（2）放大镜　10倍放大镜。

（3）底材　金属板，厚度至少为0.25mm，大小应允许至少在5个不同位置进行试验，每个位置之间至少相距40mm，并且离板的边缘至少20mm。

3. 检测原理

以固定质量的重锤落在试板上，使涂膜经受伸长变形而不引起涂膜破坏的最大高度表示该涂膜的耐冲击性，以 cm 表示。

4. 检测步骤

（1）制备试板　在马口铁板上（或按产品标准规定的底材）按标准制备试板。

（2）试板养护　将试板置于标准温湿度环境，按涂膜产品标准要求时间养护涂膜实干后，待测。

（3）通过/未通过试验（使用规定质量的重锤）

1）调节落锤的高度至要求的释放点并将其锁定在该位置。

2）将试板放在冲模上，按（落锤落于试板涂膜面上还是反面，或两者都进行）规定涂膜面朝上或朝下。

3）用夹紧夹套固定试板的位置，释放落锤使其落在试板上。

4）从仪器上取下试板，用放大镜观察试板变形区域涂层是否有开裂或剥落。

5）在不同的位置重复另外四次试验，给出总数为 5 个点的结果。

（4）分级试验（测定引起开裂或剥落的最小下落高度和落锤质量）

1）调节主落锤高度到预计不会发生破坏的位置并将其锁定在此位置。

2）将试板放在冲模上，按（落锤落于试板涂膜面上还是反面，或两者都进行）涂膜面朝上或朝下。

3）用夹紧夹套固定试板的位置，释放重锤使其落在试板上。

4）从仪器上取下试板，用放大镜观察试板变形区域涂层是否有开裂和/或剥落。

5）如没有观察到试板变形区域开裂和/或剥落，依次在更高的位置重复试验，直至观察到有开裂和/或剥落，每次增加高度是 25mm 或 25mm 的整数倍。

6）如果当落锤升到仪器所允许的最大高度落下时仍未观察到开裂和剥落，则依次加上副锤，使落锤总质量达 2kg、3kg 直至 4kg，重复试验（从设置的最低位置开始）。

5. 检测结果及评定

（1）通过/未通过试验

1）使用放大镜观察涂层是否开裂或从底材上剥落，以及底材是否开裂。

2）5 个测量结果中，如果至少 4 个位置显示没有开裂或从底材上剥落，则报告涂层通过该试验。

（2）分级试验　记录第一次观察到开裂和/或剥落的高度。一旦观察到开裂和/或剥落，则按以下步骤操作。

1）从以下每个高度释放适当质量的落锤到试板上 5 个不同位置：第一次观察到开裂和/或剥落的高度、比此位置高 25mm 处、比此位置低 25mm 处，共 15 个测试点。

2）试验以随机方式进行，注意从同一高度的所有冲击点不一定连续在同一试板上进行。用放大镜观察涂层相关区域开裂和/或剥落情况，并以通过或未通过将所有 15 个结果制成表格。结果从大部分通过到大部分未通过转变的质量/高度组合作为试验的最终点。

6. 注意事项

1）测定时，试板一定要紧贴于冲模上，以免冲击时试板跳动而影响测试结果。

2）试板受冲击部位距边缘应大于 20mm，冲击点之间边缘距离也应大于 40mm。

3）试验以随机方式进行，注意从同一高度的所有冲击点不一定连续在同一试板上进行。

4）除另有规定，涂膜的恒温恒湿标准环境为温度（23±2）℃，相对湿度（50±5）%。

5）除另有规定，一般涂膜在恒温恒湿条件下进行状态调节48h（包括干燥时间在内）。挥发性漆状态调节24h（包括干燥时间在内），然后进行性能测试。

6）涂膜厚度按标准制备及测量。

6.4.3　落锤试验法（小面积冲头）

GB/T 20624.2—2006规定了用一直径为12.7mm或15.9mm的球形冲头撞击涂层及底材而引起其快速变形并对变形结果进行评定的试验方法。

1. 相关标准

相关标准与6.4.1小节相同。

2. 检测设备

（1）冲击试验仪　冲头直径为12.7mm或15.9mm。

（2）底材　金属板，厚度为（0.55±0.10）mm，底材大小应允许至少在5个不同位置进行试验，每个位置之间至少相距40mm，并且离板的边缘至少20mm。

（3）放大镜　10倍放大镜。

3. 检测原理

将一标准重锤降落一定距离冲击冲头，而使涂层和底材变形，可以是正冲也可以是反冲（即压痕可以是凹陷的，也可以是凸出的）。通过逐渐增加重锤下落的距离，可以测出涂层经常出现破坏的数值点。涂层一般以开裂方式破坏，用放大镜或在钢板上采用硫酸铜溶液，或用针孔探测仪能观察得更清楚。

4. 检测步骤

1）制备试板：在马口铁板上（或按产品标准规定的底材）按标准制备试板。

2）试板养护：将试板置于标准温湿度环境，按涂膜产品标准要求时间养护涂膜实干后，待测。

3）安装规定直径的冲头，将试板放在试验装置上，涂膜的一面朝上或朝下，冲头与试板的上表面接触。

4）将重锤提升预期不会出现破坏的高度，释放重锤使其落在冲头上。

5）从装置上取下试板，观察涂层冲击区域的开裂情况。

6）如果没有明显的裂纹，在更高的高度上重复上述步骤，一次增加25mm。

7）一观察到明显的裂纹，则在略高一点、略低一点和首次观察到明显裂纹处共3个高度上各重复五次试验。

5. 检测结果及评定

1）用放大镜或在钢板上采用硫酸铜溶液，或用针孔探测仪观察冲击区域的开裂情况。

2）观察涂层15个冲击点，结果从大部分通过到大部分未通过转变的质量/高度组合作为试验的最终点，以kg·m表示。

6. 注意事项

1）测定时，试板一定要紧贴于冲模上，以免冲击时试板跳动而影响测试结果。

2）试板受冲击部位距边缘应大于 20mm；冲击点之间边缘距离也应大于 40mm。

3）试验以随机方式进行，注意从同一高度的所有冲击点不一定连续在同一试板上进行。

4）除另有规定，涂膜的恒温恒湿标准环境为温度（23±2）℃，相对湿度（50±5）%。

5）除另有规定，一般涂膜在恒温恒湿条件下进行状态调节 48h（包括干燥时间在内）。挥发性漆状态调节 24h（包括干燥时间在内），然后进行性能测试。

6）涂膜厚度按标准制备及测量。

6.5 涂膜硬度检测

涂膜硬度是指涂膜干燥后具有的坚实性，用以判断它受外来摩擦和碰撞等的损害程度。涂膜硬度是表示涂膜机械强度的重要性能之一，其物理意义可理解为涂膜表面对作用在上面的另一个硬度较大的物体所表现的阻力，这个阻力可以通过一定的负载作用在比较小的接触面积上，测定涂膜抵抗包括由于碰撞、压陷或擦划等造成变形的能力而表现出来。

测定涂膜硬度的方法很多，目前生产检验常用的方法有两种，即铅笔硬度法、摆杆阻尼硬度法，涉及的标准为 GB/T 6739—2022《色漆和清漆　铅笔法测定涂膜硬度》、GB/T 1730—2007《色漆和清漆　摆杆阻尼试验》。

6.5.1 铅笔硬度法

铅笔硬度是指用具有规定尺寸、形状和硬度铅笔芯的铅笔推过涂膜表面时，涂膜表面耐划痕或耐产生其他缺陷的性能。铅笔硬度法通过在涂膜上推压已知硬度标号的铅笔来测定涂膜硬度。可在色漆、清漆及相关产品的单涂层上进行，也可在多涂层体系的最上层进行。铅笔硬度法仅适用于光滑表面。这种快速、经济的试验方法用于比较不同涂层的铅笔硬度是有效的。对于铅笔硬度有明显差异的一系列已涂漆试板提供相对等级评定则更为有效。用铅笔芯在涂膜表面划痕会使涂膜表面产生一系列缺陷，这些缺陷的定义如下。

1）塑性变形：涂膜表面永久的压痕，但没有内聚破坏。

2）内聚破坏：涂膜表面存在可见的擦伤或刮破。

3）以上情况的组合。

1. 相关标准

1）GB/T 3186—2006《色漆、清漆和色漆与清漆用原材料　取样》。

2）GB/T 9278—2008《涂料试样状态调节和试验的温湿度》。

3）GB/T 1727—2021《涂膜一般制备法》。

4）GB/T 9271—2008《色漆和清漆　标准试板》。

5）GB/T 13452.2—2008《色漆和清漆　涂膜厚度的测定》。

6）GB/T 20777—2006《色漆和清漆　试样的检查和制备》。

2. 检测设备

（1）试验仪器　本试验最好使用机械装置来完成，试验仪器示意图如图6-16所示。

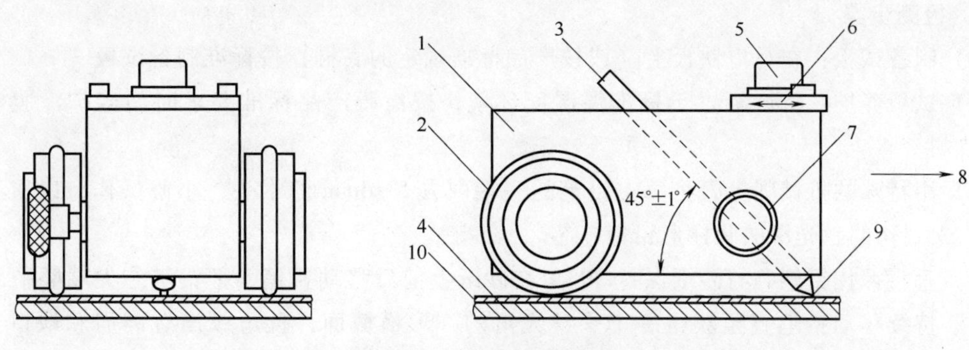

图6-16　试验仪器示意图

1—金属块　2—橡胶O形圈　3—铅笔　4—底材　5—水平仪　6—小的，用于调节负载的可移动砝码
7—夹具　8—仪器移动的方向　9—铅笔芯　10—涂膜

注意，最好使用机械装置进行试验，但也可以手工进行。只要能给出相同的相对等级评定结果，其他类型的试验仪器也可以使用。

图6-16所示的试验仪器是由一个两边各装有一个轮子的金属块组成的。在金属块的中间，有一个圆柱形的、以（45±1）°角倾斜的孔。

借助夹具，铅笔能固定在仪器上并始终保持在相同的位置。

在仪器的顶部装有一个水平仪，用于确保试验进行时仪器的水平。

仪器的设计应使试验时的仪器处于水平位置，铅笔尖端施加在涂膜表面上的负载应为(7.35±0.15)N。

（2）铅笔　一套具有下列硬度的木制绘图铅笔：9B-8B-7B-6B-5B-4B-3B-2B-B-HB-F-H-2H-3H-4H-5H-6H-7H-8H-9H，从左至右的硬度依次增大。

经商定，能给出类似的相对等级评定结果的不同厂商制造的铅笔均可使用。

对于对比试验，建议使用同一生产厂商的铅笔。不同生产厂商的和同一生产厂商不同批次的铅笔都可能引起结果的不同。

（3）特殊的机械削笔刀　它只削去木头，留下完整的无损伤的圆柱形铅笔芯（见图6-17）。

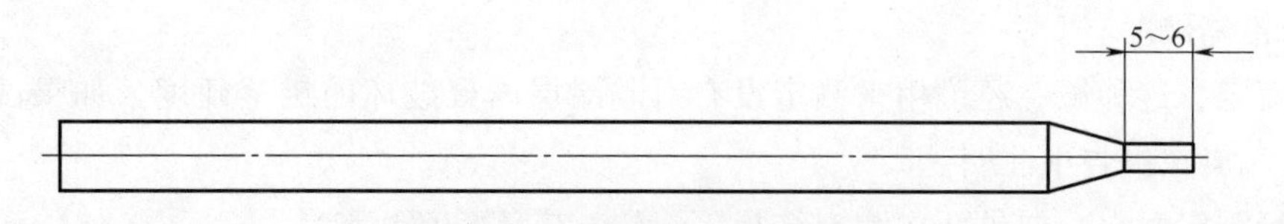

图6-17　削好后的铅笔示意图

（4）砂纸　砂粒粒度为400号。

（5）软布或棉签　试验结束后，用它蘸上与涂层不起作用的溶剂来擦净试板（注：有些试板表面用软布和脱脂棉签不易擦净，也可以使用绘图橡皮）。

（6）放大镜　放大倍数为6~10倍。

3. 检测原理

通过涂膜上推动硬度逐渐增加（减小）的铅笔来测定涂膜的铅笔硬度。

4. 检测步骤

1）制备试板：在马口铁板上（或按产品标准规定的底材）按标准制备试板。

2）试板养护：将试板置于标准温湿度环境，按涂膜产品标准要求时间养护涂膜实干后，待测。

3）用特殊的机械削笔刀将每支铅笔的一端削去5~6mm的木头，小心操作，以留下原样的、未划伤的、光滑的圆柱形铅笔笔芯。

4）垂直握住铅笔，与砂纸保持90°角在砂纸上前后移动铅笔，把铅笔芯尖端磨平（成直角）。持续移动铅笔直至获得一个平整光滑的圆形横截面，且边缘没有碎屑和缺口。注意，每次使用铅笔前都要重复这个步骤。

5）将涂漆试板放在水平的、稳固的表面上。

6）将铅笔插入试验仪器中并用夹具将其固定，使仪器保持水平，铅笔的尖端放在涂膜表面。

7）当铅笔的尖端刚接触到涂层后立即推动试板，以0.5~1mm/s的速度朝远离操作者的方向推动至少7mm的距离。

8）以正常矫正视力观察涂层表面是否出划痕缺陷。

9）如果未出现划痕，在未进行过试验的区域重复试验（检测步骤4~8），更换较高硬度的铅笔直到出现至少3mm长的划痕为止。

10）如果已经出现超过3mm的划痕，则降低铅笔的硬度重复试验（检测步骤4~8），直到超过3mm的划痕不再出现为止。

5. 检测结果及评定

（1）检测结果

1）除非另外商定，30s后以正常矫正视力检查涂层表面，观察是否出现以下情况。

① 塑性变形：涂膜表面永久的压痕，但没有内聚破坏。

② 内聚破坏：涂膜表面存在可见的擦伤或刮破。

③ 塑性变形和内聚破坏情况的组合缺陷。

2）确定出现某种类型的缺陷后，以没有使涂层出现3mm及以上划痕的最硬铅笔的硬度表示涂层的铅笔硬度。

3）经商定，这种试验还可用来测定没有引起涂层内聚破坏的铅笔硬度。如果试验按这种方式进行，应在报告中注明。

4）平行测定两次。如果两次测定结果不一致，应该重新试验。

（2）检测结果评定　用下列准则来判断结果（置信水平95%）的可接受性。

1）重复性限（r）：由同一实验室的两个不同操作者使用相同的铅笔和试板获得的两个结果之差大于给出的一个铅笔硬度单位，则认为结果是可疑的。

2）再现性限（R）：不同实验室的不同操作者使用相同的铅笔和试板，或者是不同的铅笔和相同的试板获得的两个结果（每个结果均为至少两次平行测定的结果）之差大于给出的一个铅笔硬度单位，则认为是可疑的。

3）偏差：由于没有可接受的适合用来测定本试验方法偏差的材料，所以偏差不能测定。

6. 注意事项

1）经商定，可以使用放大倍数为6~10倍的放大镜来评定破坏。如果使用放大镜，应在报告中注明。

2）用软布或棉签和惰性溶剂一起擦拭涂层表面，或者用橡皮擦拭，当擦净涂层表面上铅笔芯的所有碎屑后，破坏更容易评定，要注意溶剂不能影响试验区域内涂层的硬度。

3）试验时，铅笔固定，这样铅笔能在（7.35±0.15）N的负载下以45°角向下压在涂膜表面上。

4）除另有规定，涂膜的恒温恒湿标准环境为温度（23±2）℃，相对湿度（50±5）%。

5）除另有规定，一般涂膜在恒温恒湿条件下进行状态调节48h（包括干燥时间在内），挥发性漆状态调节24h（包括干燥时间在内），然后进行性能测试。

6）涂膜厚度按标准制备及测量。

6.5.2　摆杆阻尼硬度法

GB/T 1730—2007是色漆、清漆及相关产品的取样和试验方法的系列标准之一。该标准规定了在单层或多层的色漆、清漆及相关产品的涂层上进行摆杆阻尼试验的标准条件。该标准中的方法分为A法和B法，A法为科尼格和珀萨兹摆杆式阻尼试验，又称单摆试验仪；B法为双摆杆式阻尼试验。具体方法在检测过程中最好由双方商定具体工作细节，可以全部或部分地取自与受试产品有关的国际标准、国家标准或其他文件。

具体细节包括以下若干方面。

1）底材的材料、厚度和表面处理。

2）受试涂料施涂于底材的方法，包括在多层体系中涂层间的干燥时间和干燥条件。

3）试验前，涂层干燥（或烘干）和放置（如适用）的时间和条件。

4）干涂层的厚度（以μm计），按GB/T 13452.2—2008规定的测量方法，不管它是单一涂层还是多涂层体系。

5）与上述规定不同的试验温度和相对湿度（见GB 9278—2008）。

1. 科尼格和珀萨兹摆杆式阻尼试验（A法）

（1）相关标准

1）GB/T 308.1—2013《滚动轴承　球　第1部分：钢球》。

2）GB/T 3186—2006《色漆、清漆和色漆与清漆用原材料　取样》。

3）GB/T 9278—2008《涂料试样状态调节和试验的温湿度》。

4）GB/T 1727—2021《涂膜一般制备法》。

5）GB/T 9271—2008《色漆和清漆　标准试板》。

6）GB/T 13452.2—2008《色漆和清漆　涂膜厚度的测定》。

7）GB/T 20777—2006《色漆和清漆　试样的检查和制备》。

8）ASTM D4366—2016（R2021）《用摆杆阻尼试验测定有机涂层硬度的试验方法》。

（2）检测设备

1）摆杆：下面所描述的两种摆杆均包含一个用横杆连接的开口框架，在横杆下面嵌入2个钢球作为支点，在框架底部形成一个指针。摆杆在外形、质量、摆动时间和其他细节上的差别，如下所述（注：摆杆应避免气流和振动，建议使用保护罩）。

① 科尼格摆以直径为（5±0.005）mm，滚珠间距为（30±0.2）mm，硬度为HRC 63±3或（1600±32）HV 30的两个分开的滚珠轴承来支承，并且利用与横杆连接的垂直杆上的滑动重锤保持平衡，且可通过该重锤调节固有摆动频率。在一块抛光的玻璃平板上摆动周期应为（1.4±0.02）s，从位移6°到位移3°的阻尼时间应为（250±10）s，摆的总质量应为（200±0.2）g。

② 珀萨兹摆以直径为（8±0.005）mm，滚珠间距为（50±1）mm，硬度为HRC 59±1的两个分开的不锈钢珠来支承，没有平衡器。在一块抛光的玻璃平板上的摆动周期应为（1±0.001）s，从位移12°到位移4°的阻尼时间应为（430±10）s。摆的总质量应为（500±0.1）g，其静止时的重心应在支轴面下方（60±0.1）mm处，指针尖端在支轴面下方（400±0.2）mm处。

2）仪器座：用于支承试板和摆杆。该仪器座为两种摆所共用，它有一承重垂直杆，并与一具有工作平面上的水平台相连接，其尺寸通常为95mm×110mm，其厚度不小于10mm。该仪器座还装有一个能使摆离开工作台面的镫形件及一个能使摆无振动地降落到试板上的机械装置。

3）标尺：在仪器座前面，用来表示摆杆的位移角度，如摆杆离开静止中心由6°~3°（科尼格摆）或12°~4°（珀萨兹摆）。标尺可以水平移动，也可以锁住不动，以便使标尺的零位和摆杆尖端的测试位置重合。此标尺可以标在一面镜子上，或者将一面镜子放在标尺的后面，有助于消除观察时的视觉误差。

4）秒表或其他计时装置：用于记录摆杆摆动的阻尼时间。

5）抛光（抹光）的玻璃平板：用于校准摆杆。

6）底材：按GB/T 9271—2008中的规定选择一种底材，确保试板平整，坚硬且无变形。推荐使用金属板或玻璃板，尺寸近似为100mm×100mm×5mm。

（3）检测原理　静止在涂膜表面的摆杆开始摆动，用在规定摆动周期内测得的数值表示振幅衰减的阻尼时间。阻尼时间越短，硬度越低。

（4）检测步骤

1）制备试板：在马口铁板上（或按产品标准规定的底材）按标准制备试板。

2）试板养护：将试板置于标准温湿度环境，按涂膜产品标准要求时间养护涂膜实干后，待测。

3）仪器校准的具体步骤如下。

科尼格摆的校准步骤如下。

① 按以下步骤检查校准摆和水平工作台：将一块抛光的玻璃平板放在水平工作台上，并将摆杆轻轻静置在玻璃表面上，确保摆没有振动；在玻璃平板表面放一水平仪，通过调节仪器基座上的螺栓使玻璃平板保持水平；用一块不起毛的柔软布料蘸合适的溶剂将玻璃平板

擦干净；用柔软的薄绸蘸合适的溶剂将支承球擦干净，将摆杆放置在环境条件下，并把它静止放在玻璃平板上；检查标尺相对于摆杆指针的位置，当摆杆静止时，它的指针应该指在标尺的零位，如果指针未指在零位，移动标尺以获得正确的零位设置。

② 按以下步骤检查摆杆在玻璃平板上的摆动持续时间：将摆杆偏转到 6°，释放并同时启动秒表或其他计时装置；测定摆杆摆动 100 次的时间应是（140±2）s；如果测得的时间小于规定值，向下移动重锤，继续调节直到获得规定的时间，如果调节不到所需的时间，仪器应判定为有故障并进行修理。

③ 按以下步骤检查摆杆在玻璃平板上的阻尼持续时间：将摆杆偏转到 6°，释放并同时启动秒表或其他计时装置；测定振幅从 6°衰减到 3°的时间是否是（250±10）s（相当于摆杆摆动 172~185 次）。

珀萨兹摆的校准步骤如下。

① 按以下步骤检查校准摆和水平工作台：将一块抛光的玻璃平板放在水平工作台上，并将摆杆轻轻静置在玻璃表面上，确保摆没有振动；在玻璃平板表面放一水平仪，通过调节仪器基座上的螺栓使玻璃平板保持水平；用一块不起毛的柔软布料蘸合适的溶剂将玻璃平板擦干净；用柔软的薄绸蘸合适的溶剂将支承球擦干净，将摆杆放置在环境条件下，并把它静止放在玻璃平板上。

② 按以下步骤检查摆杆在玻璃平板上的摆动持续时间：将摆杆偏转到 12°，释放并同时启动秒表或其他计时装置；测定摆杆摆动 100 次的时间应是（100±0. 1）s；如果此值没有达到，重新擦拭玻璃平板和摆杆的支承球，重新检查玻璃平板的水平，并重新测试，此时不允许调节仪器标尺。

③ 按以下步骤检查摆杆在玻璃平板上的阻尼持续时间：将摆杆偏转到 12°，释放并同时启动秒表或其他计时装置；测定振幅从 12°衰减到 4°的时间是否是（430±10）s；如果此值没有达到，重复检查玻璃平板和仪器。

4）摆杆阻尼时间的测定过程如下。

① 将试板涂膜面向上放在仪器台上。

② 将摆杆轻轻地放在试板表面。

③ 在支轴没有横向位移的情况下，将摆杆偏转合适的角度（科尼格摆为 6°，珀萨兹摆为 12°），并将它放到预定的停点处。

④ 放开摆杆并同时启动秒表或其他计时装置（注：就自动装置来说，阻尼时间将能自动测定）。

⑤ 记录振幅由 6°~3°（科尼格摆）或由 12°~4°（珀萨兹摆）的时间，以 s 表示。

⑥ 在同一块试板的 3 个不同位置上进行测试，记录每次测量的结果及三次测量的平均值。

（5）检测结果及评定

1）检测结果：在同一块试板的 3 个不同位置上进行测试，记录每次测量的结果及三次测量的平均值。

2）结果评定以科尼格摆及珀萨兹摆分别表述。

对于科尼格摆，以下准则应用于判断在95%置信水平下结果的可接受性。

① 重复性限（r）：同一操作者获得的两个结果（每个结果为一块试板上3个测试点的平均值）之差如果大于它们平均值的8%，则认为是可疑的。

② 再现性限（R）：不同操作者在不同实验室获得的两个结果（每个结果为一块试板上3个测试点的平均值）之差如果大于它们平均值的23%，则认为是可疑的。

③ 偏差：如果仅按本方法测定科尼格硬度值，不能说明偏差。

对于珀萨兹摆，以下准则应用于判断在95%置信水平下结果的可接受性。

① 重复性限（r）：同一操作者获得的两个结果（每个结果为一块试板上3个测试点的平均值）之差如果大于它们平均值的3%，则认为是可疑的。

② 再现性限（R）：不同操作者在不同实验室获得的两个结果（每个结果为一块试板上3个测试点的平均值）之差如果大于它们平均值的8%，则认为是可疑的。

③ 偏差：如果仅按本方法测定珀萨兹硬度值，不能说明偏差。

2. 双摆杆式阻尼试验（B法）

（1）相关标准　相关标准与A法相同。

（2）检测设备

1）双摆：摆的总质量为（120±1）g，摆杆上端至下端的长度是（500±1）mm。摆杆横杆下的两个钢珠符合GB/T 308.1—2013中的规格要求。在未涂漆玻璃板上，摆杆摆动角从5°位移到2°的阻尼时间应为（440±6）s（注：摆杆应避免气流和振动，建议使用保护罩）。

2）仪器座：用于支撑试板和摆杆，有一个很重的垂直支承杆，并与一具有工作平面的水平台相连接。当摆杆离开水平工作台时，有一移动框架支承摆杆。

3）标尺：底座前装有一块能表示摆杆偏离静止中心角度的标尺，上面标有5°~2°。标尺零位与摆静止时的摆尖处于同一垂直位置。可将标尺制作在镜子上或在标尺后安装一面镜子，以消除视觉误差，也可使用光电控制装置，监视摆杆偏移角度，自动记录摆动次数。

4）底座：设有可调垫脚螺栓，以支承仪器和调整工作台的水平。

5）秒表或其他计时装置：用于记录摆杆摆动的阻尼时间。

6）底材：尺寸为90mm×120mm×(1.2~2.0)mm。

（3）检测原理　静止在涂膜表面的摆杆开始摆动，用在规定摆动周期内测得的数值表示振幅衰减的阻尼时间。阻尼时间越短，硬度越低。

（4）检测步骤

1）制备试板：在马口铁板上（或按产品标准规定的底材）按标准制备试板。

2）试板养护：将试板置于标准温湿度环境中，按涂膜产品标准要求时间养护涂膜实干后，待测。

3）仪器校准：双摆的校准步骤如下。

按以下步骤检查校准摆和水平工作台：①调节仪器底座后面的垫脚螺栓，使水平锤两顶尖相对；②用软绸布（或棉纸）蘸合适的溶剂，将校准玻璃平板擦干净；③用软绸布（或棉纸）蘸合适的溶剂，将支承钢球擦干净，当发现钢球表面有所损坏时可稍微转动钢球，改变它与玻璃平板的接触点，当磨损严重时应更换新球；④将玻璃平板放在仪器的水平工作台上，并将摆杆轻轻静置在玻璃表面上，确保摆杆没有振动；⑤检查标尺相对于摆杆指针的位置，当摆杆静止时，它的指针应该指在标尺的零处，如果指针未指在零位，应移动标尺以获得正确的零位设置。

按以下步骤检查摆杆在玻璃平板上的阻尼持续时间：①将摆杆偏转到大于5°的合适位置；②释放摆杆，当摆杆摆至5°时，启动秒表或其他计时装置；③测定摆杆摆至2°时，阻尼持续时间应为（440±6）s；④如果测得的时间小于规定值，同时向下调节两竖杆上的重锤位置，反之则向上调节两重锤位置。⑤重复①~④，直到获得规定的时间。

4）双摆硬度的测定步骤如下。

① 将被测试板涂膜朝上，放置在水平工作台上，然后使摆杆慢慢降落到试板上。摆杆的支点距涂膜边缘应不少于20mm。

② 将移动框架垂直，使摆杆紧贴移动框架，摆杆指针指在零点上。

③ 移动框架置于水平位置，在钢球没有横向位移的情况下，将摆杆偏转，停在大于5°的合适位置处。

④ 松开摆杆，记录摆幅由5°降至2°的时间，以s计。

⑤ 可在同一块试板的两个不同位置上进行测量，记录每次测量的结果及两次测量的平均值。

（5）检测结果及评定

1）检测结果：涂膜硬度是以摆杆在被测涂膜上摆幅从5°降至2°摆动衰减的阻尼时间与在未涂漆玻璃板上摆幅从5°降至2°摆动衰减的阻尼时间的比值表示即

$$X=\frac{t}{t_0}$$

式中　X——涂膜硬度值；

t——摆杆在涂膜上摆幅从5°降至2°的摆动时间（s）；

t_0——摆杆在玻璃板上摆幅从5°降至2°的摆动时间（s）。

2）结果评定：涂膜硬度应以同一块试板上两次测量值的平均值（精确到两位小数）表示，两次测量值之差不应大于平均值的5%。

（6）注意事项

1）标准玻璃板使用前应用乙醇擦净。

2）定期检测钢球，当发现表面有磨损和锈蚀时，可稍转动钢球，测定时应清洁钢球。

3）操作过程必须细致，特别是拨动摆杆时，更应注意摆杆稍有一点移动都将对结果造成影响。

4）除另有规定，涂膜的恒温恒湿标准环境为温度（23±2）℃，相对湿度（50±5）%。

5）除另有规定，一般涂膜在恒温恒湿条件下进行状态调节48h（包括干燥时间在内）；挥发性漆状态调节24h（包括干燥时间在内），然后进行性能测试。

6）涂膜厚度按标准制备及测量。

7）试验结果的影响因素，实际上为影响阻尼时间的因素。在摆杆进行摆动时，妨碍摆动的阻尼力主要有两种，一种是摆动的支撑钢球对玻璃板的摩擦力，其中包括滚动摩擦和滑动摩擦，这些摩擦与正压力成正比。单摆的正压力高于双摆的正压力，这是因为单摆的摆杆质量大而钢球直径小；另一种是空气阻力，它与摆杆的形状、运动速度、空气密度值有关。阻尼时间值实际上就是摆杆用来克服摩擦阻力和空气阻力所用的时间。因此，在测定中的主要影响因素有以下几方面。

① 涂膜厚度的影响：涂膜厚度大，其硬度值将降低。这是因为涂膜越厚，摩擦阻力越大，导致摆杆的摆动时间减少。

② 温度、湿度的影响：温度高会使涂膜发软，湿度大会使涂膜发涩，这些都会造成涂膜表面的摩擦阻力增大，导致摆杆的摆动时间减少。

③ 气流的影响：空气流动时会造成摆杆的晃动，操作时应关闭仪器玻璃罩。

6.6 涂膜耐磨性检测

涂膜耐磨性是指涂层表面抵抗某种机械作用的能力，它是使用过程中经常受到机械磨损的涂层的重要特征之一，而且与涂层的硬度、附着力、柔韧性等其他物理性能密切相关。

GB/T 1768—2006《色漆和清漆　耐磨性的测定　旋转橡胶砂轮法》规定了采用橡胶砂轮并通过橡胶砂轮的旋转运动进行摩擦来测定色漆、清漆或相关产品的干膜耐磨性的试验方法，是有关色漆、清漆及相关产品取样和试验的系列标准之一。

具体方法在检测过程中最好由有关双方商定具体细节，可以全部或部分地取自与受试产品有关的国际标准、国家标准或其他文件。

具体细节包括以下若干方面。

1）底材的性质、厚度和表面处理。

2）受试产品施涂于底材的方法。

3）试验前，涂层干燥（或烘干）和放置（如适用）的时间和条件。

4）涂层的干膜厚度（以 μm 计）与所采用的 GB/T 13452.2—2008 中规定的测量方法，以及是单一涂层还是多涂层体系，涂层是否能完全遮盖住底材。

5）与上述规定不同的试验温度和相对湿度（见 GB/T 9278—2008）。

1. 相关标准

1）GB/T 3186—2006《色漆、清漆和色漆与清漆用原材料　取样》。

2）GB/T 9278—2008《涂料试样状态调节和试验的温湿度》。

3）GB/T 1727—2021《涂膜一般制备法》。

4）GB/T 9271—2008《色漆和清漆　标准试板》。

5）GB/T 13452.2—2008《色漆和清漆　涂膜厚度的测定》。

6）GB/T 20777—2006《色漆和清漆　试样的检查和制备》。

2. 检测设备

（1）磨耗试验仪　磨耗试验仪（见图 6-18）由下述部件组成。

1）转台：能以（60±2）r/min 的转速旋转，并且能将试板定中心安装在转合上且牢固地固定住。

2）两个橡胶砂轮：每个橡胶砂轮厚（12.7±0.1）mm，总直径为（50.0±0.2）mm（包括外面包覆的橡胶条），轮子外周包覆一条厚6mm、硬度为（50±5）IRHD（按GB/T 6031—2017规定进行测定）的橡胶条。将橡胶砂轮安装在水平转轴上并能绕转轴自由旋转。两个橡胶砂轮内表面之间的距离为（53.0±0.5）mm，假设的通过这两个转轴的轴线与转台的中心轴线的距离为（19.1±0.1）mm。装置的质量分布应使每个橡胶砂轮施加在试板上的力为（1±0.02）N。新的橡胶砂轮外径为（51.6±0.1）mm，在任何情况下橡胶砂轮的外径都不得低于44.4mm。

橡胶砂轮型号的选择应经有关方商定。由于橡胶砂轮的橡胶黏结材料会逐渐变硬，因而应检查其硬度是否符合生产商规定的技术要求。如果已超过了橡胶砂轮上生产厂商标注的截止日期，或者对于没有给出截止日期但自购买之日起已超过一年的情况，橡胶砂轮不能再使用。

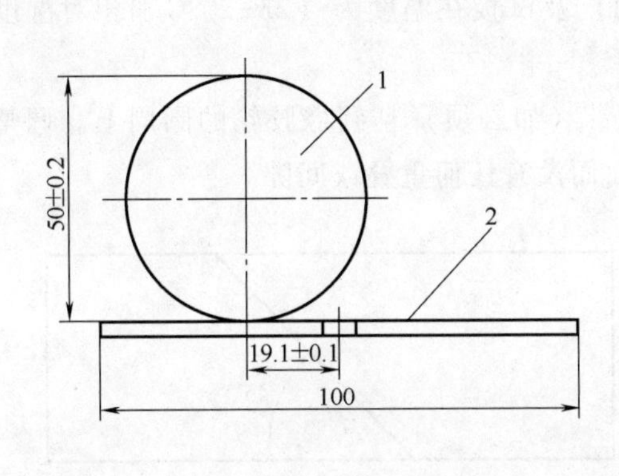

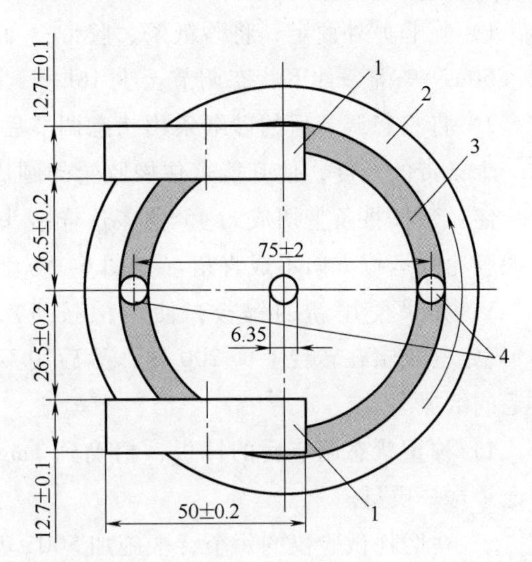

图6-18　磨耗试验仪

1—橡胶砂轮　2—试板　3—磨耗区　4—吸尘嘴，ϕ8±0.5（内径）

3）计数器：记录转台的循环（运转）次数。

4）吸尘装置：包含两个吸尘嘴。一个吸尘嘴位于两个砂轮之间，另一个则位于沿直径方向与第一个吸尘嘴呈相反的位置。两个吸尘嘴轴线之同的距离为（75±2）mm，吸尘嘴与试板之同的距离为1~2mm。吸尘嘴定位后，吸尘装置中的气压应比大气压低1.5~1.6kPa。

5）砂纸条：宽（12±0.2）mm，长约175mm。砂纸的等级应符合GB/T 9258.2—2008的磨粒大小标准P系列中的P180（注：也可从某些生产厂商处购得自粘砂纸）。

6）双面胶带：如果未购得自粘砂纸可使用宽为（12±0.2）mm、长约175mm的双面胶带。

（2）砝码　能使每个橡胶砂轮上的负载逐渐增加，最大为1kg。

（3）整新介质　以摩擦圆片的形式存在，用于整新橡胶砂轮（注：应根据不同的橡胶砂轮选择不同的整新介质）。

（4）校准板　厚度为0.8~1mm，用于仪器的校准。

（5）天平　精确到0.1mg。

3. 检测原理

在规定条件下，用固定在磨耗试验仪上的橡胶砂轮摩擦色漆或清漆的干膜，试验时要在橡胶砂轮上加上规定质量的砝码。耐磨性以经过规定次数的摩擦循环后涂膜的质量损耗来表示，或者以磨去该道涂层至下道涂层或底材所需要的循环次数来表示。

4. 检测步骤

（1）制备试板　在马口铁板上（或按产品标准规定的底材）按标准制备试板。

（2）试板养护　将试板置于标准温湿度环境中，按涂膜产品标准要求时间养护涂膜实干后，待测。

（3）仪器的校准　校准所需的辅助设施如校准板和砂纸最好从磨耗试验仪生产厂商处获得。生产厂商通常会把锌板作为校准板。具体校准步骤如下。

1）除非另外商定，将砂纸条、胶带（如使用）及试板在温度为（23±2）℃和相对湿度为（50±5）%的条件下状态调节至少16h。

2）将状态调节后的砂纸条用状态调节后的胶带（如必须）粘到橡胶轮的圆周上。调整每一个条带的长度，使其能盖住橡胶轮的圆周表面而没有任何重叠或间隙。

注：建议将条带切成约45°角，这样接头与橡胶轮的运行方向不成直角（见图6-19）。

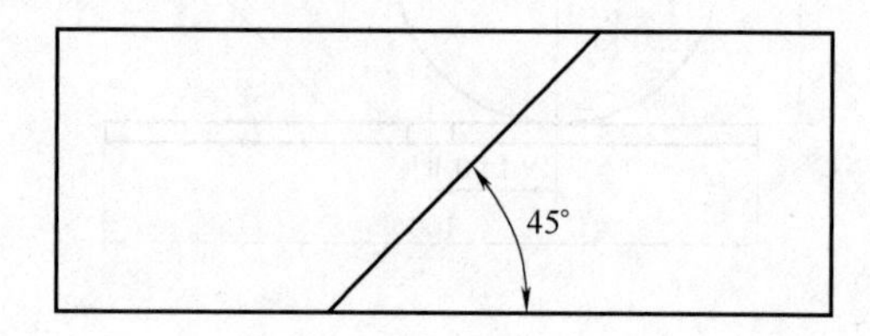

图6-19　建议的连接砂纸条两端的方法

3）如果使用新的锌板，使用前按5）、6）规定的步骤在转台上磨200转，然后用不起毛的纸擦净。

4）称重状态调节后的锌板，精确到1mg并记录这一质量。

5）在磨耗试验仪的每个臂上施加500g负载，将锌板固定在转台上，并将摩擦头放置于锌板上，放好吸尘嘴。

6）将计数器设定为零，打开吸尘装置，然后启动转台。

7）运转500转后用不起毛的纸清洁锌板，重新称量锌板并记录这一质量。

8）再进行2）~7）步骤两次，每次都使用新的砂纸条。

9）第三次试验后，计算这三次校准试验的平均质量损耗。

10）锌板的平均质量损耗应为（110±30）mg。如果平均质量损耗超出这一范围，应检查仪器并进行纠正。

（4）橡胶砂轮的准备

1）检查橡胶砂轮是否满足规定要求。

2）为确保橡胶砂轮的磨耗作用维持在一恒定的水平，按照生产厂商的规定并按下述内容准备橡胶砂轮。

① 将所选择的橡胶砂轮安装到各自的凸缘架上，注意不要用手直接接触摩擦面，调节橡胶砂轮上的负载至有关方商定的值。

注：橡胶砂轮上的负载用砝码的标示质量（加压臂质量与砝码自身质量之和）来表示。

② 将整新介质圆片安装到转台上，小心放下摩擦头使橡胶砂轮放在圆片上，放置好吸尘嘴，调节吸尘嘴的位置使之距离圆片表面约 1mm。

③ 将计数器设定为零。

④ 打开吸尘装置后启动转台，将橡胶砂轮在整新介质圆片上运转规定的转数来整新橡胶砂轮（注：常用的转数是 50 转）。

⑤ 在测试每个试样前，以及每运转 500 转后都要以这种方式整新橡胶砂轮，使摩擦面刚好呈圆柱形，并且摩擦面与侧面之间的边是锐利的，没有任何弯曲半径。首次使用前要对新的橡胶砂轮进行整新。

（5）测定　除非另外商定，应将涂漆试板在温度为（23±2）℃和相对湿度为（50±5）%的条件下状态调节至少 16h。

1）如果涂层表面因橘皮、刷痕等原因而不规则，在测试前要先预磨 50 转，再用不起毛的纸擦净。如果进行了这一操作，则应在试验报告中注明。

2）称重状态调节后的试板或已预磨并用不起毛的纸擦净的试板，精确到 0.1mg，记录这一质量。

3）将试板固定在转台上，把摩擦头放在试板上，放好吸尘嘴。

4）将计数器设定为零，打开吸尘装置，然后启动转台。

5）经过规定的转数后，用不起毛的纸将残留在试板上的任何疏松的磨屑除去，再次称量试板并记录这一质量，检查试板涂层是否被磨穿。

6）通过以一定的间隔中断试验来更精确地测量磨穿点，并计算经过规定转数的摩擦循环后的平均质量损耗。

7）在另外两块试板上重复上述步骤并记录结果。

5. 检测结果及评定

1）对每一块试板，用减量法计算经商定的转数后的质量损耗。计算所有 3 块试板的平均质量损耗并报告结果，精确到 1mg。

注：也可计算中断试验的每个间隔的质量损耗。

2）计算涂层或多涂层体系中的面涂层被磨穿所需的平均转数。

注：涂层磨穿后，质量损耗受底材磨损的影响。

3）精密度，目前还没有相关的精密度数据。如果要测定这些数据，本节的方法应仅在同一实验室内进行。如果在实验室间进行，最好使用涂层的等级评定。

6.7　涂膜磨光性检测

涂膜磨光性是指涂膜在一定的负载下，经特制的磨光剂打磨后，呈现平坦、光亮表面的性质，一般以光泽度表示，目前主要用于硝基漆、过氯乙烯漆等漆类。

检测标准涂膜磨光性采用涂膜磨光仪，在一定的负载下，经规定的磨光次数后，涂膜的光泽度以百分数表示。

1. 相关标准

1）GB/T 3186—2006《色漆、清漆和色漆与清漆用原材料　取样》。

2）GB/T 9278—2008《涂料试样状态调节和试验的温湿度》。

3）GB/T 1727—2021《涂膜一般制备法》。

4）GB/T 9271—2008《色漆和清漆　标准试板》。

5）GB/T 13452.2—2008《色漆和清漆　涂膜厚度的测定》。

6）GB/T 20777—2006《色漆和清漆试样的检查和制备》。

2. 检测设备

（1）涂膜磨光仪　仪器磨头自身质量为730g，另配有250g、500g、750g砝码。

（2）马口铁板　马口铁板尺寸为50mm×120mm×(0.2~0.3)mm。

（3）钢板　普通钢板，尺寸为50mm×120mm×(0.8~1.5)mm。

（4）铝板　采用牌号为2A12的铝合金板，尺寸为50mm×120mm×(1~2)mm。

（5）纱布　医用纱布，尺寸为65mm×100mm。

（6）磨光剂　60g三氧化二铬（化学纯）用40g煤油调成糊状。

（7）光蜡　汽车上光蜡。

（8）光泽度仪。

3. 检测原理

试板在带有磨光剂并具有一定负载的磨头作用下，经规定的打磨次数后，以其具有的光泽值表示。

4. 检测步骤

1）按GB/T 1727—2021制备试板，按产品标准规定条件及时间养护干燥后，待测。

2）提起加压臂，在磨头上装上5层纱布，用少量的煤油润湿纱布后，涂上一层磨光剂（磨光剂由三氧化二铬和煤油调成糊状制得）。

3）将试板固定在磨台上，按产品规定要求的次数调整计数器。轻轻放下磨头，开启电源。

4）当磨台往复运行停止后，取出试板，用纱布擦净。

5）涂覆上光蜡，用纱布擦光，测定光泽值。

6）重复用纱布擦光，测定光泽值，至光泽值不再升高为止。

5. 检测结果及评定

1）以最终光泽不再升高的光泽值表示涂膜的磨光性。

2）一般平行测定两次，两次结果之差应不大于5%，取其算术平均值。

6. 注意事项

三氧化二铬有块状颗粒时，常用120目筛子过筛后使用。

6.8　涂膜耐洗刷性检测

涂膜耐洗刷性是指在规定的条件下，涂膜抵抗蘸有洗涤介质的刷子（或海绵）反复刷洗而不损坏的能力。涂层在使用期间经常需要反复洗刷除去污染物，因此耐洗刷性就成为这些漆类的一项很重要的考核指标，相应的检测标准为GB/T 9266—2009《建筑涂料　涂层耐洗刷性的测定》。

1. 相关标准

1）GB/T 3186—2006《色漆、清漆和色漆与清漆用原材料　取样》。

2）GB/T 9278—2008《涂料试样状态调节和试验的温湿度》。

3）GB/T 1727—2021《涂膜一般制备法》。

4）GB/T 9271—2008《色漆和清漆　标准试板》。

5）GB/T 13452.2—2008《色漆和清漆　涂膜厚度的测定》。

6）GB/T 20777—2006《色漆和清漆　试样的检查和制备》。

2. 检测设备

（1）涂膜耐洗刷性试验仪　一种能使刷子在试板的涂层表面做直线往复运动，对其进行洗刷的仪器。刷子往复运动频率为每分钟往复（37±2）次循环，一个往复行程的距离为300mm×2，在中间100mm区间大致为匀速运动。刷子及夹具的总质量为（450±10）g。

（2）刷子　在尺寸为90mm×38mm×25mm的硬木平板（或塑料板）上，均匀地加工（60±1）个直径约为3mm的小孔，分别在孔内垂直地栽上黑色猪鬃，与猪鬃成直角剪平，鬃毛长约为19mm。

注：使用前，将刷毛12mm浸入（23±2）℃水中30min，取出用力甩净水，再将刷毛12mm浸入符合规定的洗刷介质中20min。刷子经此处理，方可使用。

（3）洗刷介质　将洗衣粉溶于蒸馏水中，配制成质量分数为0.5%的洗衣粉溶液，其pH值为9.5~11.0，或按产品标准规定配制。

（4）底材　除另有规定或商定，底材为无石棉纤维水泥平板，尺寸为430mm×150mm×（3~6）mm。

3. 检测原理

用规定质量的刷子在涂层表面进行往复直线运动，观察涂膜耐受洗刷介质洗刷的能力。在试验仪上，用规定载荷的刷子在不断滴加洗涤剂的条件下往复洗刷涂膜，观察涂膜表面刚露底时的洗刷次数或洗刷至规定次数的涂层有无露底。

4. 检测步骤

1）试验环境：除另有规定或商定，应在温度为（23±2）℃条件下进行试验。

2）将试板涂漆面向上，水平地固定在耐洗刷性试验仪的试验台板上。

3）将预先处理过的刷子置于试板的涂漆面上，使刷子保持自然下垂，滴加约2mL洗刷介质于试板的试验区域，立即启动仪器，往复洗刷涂层，同时以约0.04mL/min的速度滴加洗刷介质，使洗刷面保持润湿。

4）洗刷至规定次数或洗刷至试板中间长度100mm区域露出底材后，取下试板，用自来水洗净。

5. 检测结果及评定

（1）检测结果　在散射日光下检查试板被洗刷过的中间100mm区域的涂层，观察其是否破损露出底材。对同一试样采用两块试板进行平行试验。

（2）检测结果评定

1）洗刷到规定的次数，两块试板中至少有一块试板的涂层不破损至露出底材，则评定为“通过”。

2）洗刷到涂层刚好破损至露出底材，以两块试板中洗刷次数多的结果报出。

6. 注意事项

1）试验前应将毛刷进行处理。

2）刷毛长度小于16mm时，不应再使用。

3）试板经受的载荷应符合规定。

4）试板两端经摩擦后若露出底材，则判断结果时不做考虑。

6.9 涂膜打磨性检测

打磨性是指涂膜或腻子等干燥后，用砂纸、浮石或其他研磨材料打磨能得到平滑而光泽的表面时的难易程度，其另一含义为使涂膜达到同一平滑度时打磨的难易程度。打磨性与涂膜结构、硬度、韧性等有关，打磨性是底漆、腻子的重要检测项目。

打磨性的检测方法采用GB/T 1770—2008《涂膜、腻子膜打磨性测定法》，该方法适用于涂膜、腻子膜打磨性的测定，规定了涂膜、腻子膜在规定的负载下，经规定的次数打磨后，以涂膜表面的变化现象和打磨的难易程度来评定其打磨性能的经验性的试验方法。

1. 相关标准

1）GB/T 3186—2006《色漆、清漆和色漆与清漆用原材料　取样》。

2）GB/T 9278—2008《涂料试样状态调节和试验的温湿度》。

3）GB/T 1727—2021《涂膜一般制备法》。

4）GB/T 9271—2008《色漆和清漆　标准试板》。

5）GB/T 13452.2—2008《色漆和清漆　涂膜厚度的测定》。

6）GB/T 20777—2006《色漆和清漆　试样的检查和制备》。

2. 检测设备

1）水砂纸：其规格型号按产品标准的规定或商定。

2）打磨性测定仪。

3. 检测原理

涂膜、腻子膜在规定的负载下，经规定的次数打磨后，以涂膜表面的变化现象和打磨的难易程度来评定其打磨性能。

4. 检测步骤

1）涂膜试板选用：按打磨性测定仪所需试板的形状和尺寸选用涂膜试板。除非另有规定，否则按GB/T 9271—2008的规定处理每一块试板，然后按规定的方法涂覆样品。

2）涂膜试板养护环境及时间（详见GB/T 9278—2008）。

① 涂膜试板养护环境：除非另有规定，通常试板在温度为（23±2）℃，相对湿度为（50±5）%的条件下进行干燥养护。

② 涂膜试板养护时间：按产品标准规定的时间养护试板（若产品标准未做出明确规定，试板养护时间须不低于16h）。

3）涂层厚度：采用GB/T 13452.2—2008中规定的一种方法测定涂层的干膜厚度。

4）将试板放在吸盘中央，使试板吸附在吸盘上。

5）选择标准规定规格型号的水砂纸，将其收紧固定在打磨头上。

6）根据涂膜、腻子膜不同的需要，添加砝码置于打磨头上。

7）用计数器计数，选择摩擦速度和预磨次数。

8）开动仪器，达到预定次数后，取下试板观察。

5. 检验结果及评定

1）在散射日光下目视观察，以3块试板中两块现象相似的试板评定结果。根据需要可以评定打磨后试板涂膜表面出现的现象，如表面是否平滑、有无未研磨的颜料颗粒或其他杂质；也可以依据打磨前后涂膜的失重或砂纸上贴附磨出物的程度评定打磨的难易程度。

2）当作为产品质量控制时，按合格与否评定。

6. 注意事项

对于腻子膜，一般用湿膜制备器制备，规定湿膜制备器的规格，控制湿膜厚度。

第7章 涂膜化学性能检测

涂料产品被涂装后均在大气环境中使用，受到空气中水分及其他各种化学成分的侵蚀，而人们对产品进行涂装的目的就是希望在使用产品时能使它具有抗腐蚀的能力，延长它的使用寿命。所以，涂膜的耐化学腐蚀能力是一个很重要的质量指标，必须对其进行检测。涂膜的化学性能检测的内容主要包括：对接触化学介质而引起破坏的抵抗能力的检测，如耐水性、耐石油制品性、耐化学品性（常检测耐盐水性）等；对大气环境中物质破坏的抵抗性能的检测，如耐潮湿性、耐化工气体性、耐候性等；对防止介质引起底材发生腐蚀能力的检测，如耐蚀性、耐锈性的检测等，通常以湿热试验、盐雾试验和水汽透过性试验来表示其能力。

7.1 涂膜耐水性检测

耐水性是指涂膜对水的作用的抵抗能力，即在规定条件下，将涂漆试板浸泡在水中，观察其有无发白、失光、起泡、脱落等现象，以及恢复原状的难易程度。

涂料在实际应用中往往与潮湿的空气或水分直接接触，随着涂膜的膨胀与透水，就会发生起泡、变色、脱落、附着力下降等各种破坏现象，直接影响到涂料的使用寿命，因此对某些涂料产品必须进行耐水性试验。

耐水性日常检验常用的方法依据 GB/T 1733—1993《涂膜耐水性测定法》，该标准规定了涂膜的耐水性能的测定方法，包括浸水试验法和浸沸水试验法两种方法。在达到规定的试验时间后，以涂膜表面变化现象表示其耐水性能。

1. 浸水试验法

（1）相关标准

1）GB/T 6682—2008《分析实验室用水规格和试验方法》。

2）GB/T 3186—2006《色漆、清漆和色漆与清漆用原材料　取样》。

3）GB/T 1727—2021《涂膜一般制备法》。

（2）检测设备

1）试板：平整、无扭曲，板面应无任何可见裂纹和皱纹。除另有规定，试板应是120mm×25mm×(0.2~0.3)mm 的马口铁板。

2）蒸馏水或去离子水：符合 GB/T 6682—2008 中三级水规定的要求。

3）水槽：玻璃水槽。

(3) 检测原理　将涂漆试板浸泡在水中，观察其有无发白、失光、起泡、脱落等现象。

(4) 检测步骤

1）制备试板：在马口铁板上（或按产品标准规定的底材）按标准制备试板。

2）试板养护：将试板置于标准温湿度环境中，按涂膜产品标准要求时间养护涂膜实干后，待测。

3）试板边缘的涂装：除另有规定，试板投试前应用1∶1的石蜡和松香混合物封边，封边宽度2~3mm。

4）试板的浸泡：①在玻璃水槽中加入蒸馏水或去离子水，除另有规定，调节水温为(23±2)℃，并在整个试验过程中保持该温度；②将三块试板放入其中，并使每块试板长度的2/3浸泡于水中。

(5) 检测结果及评定

1）试板的检查：在产品标准规定的浸泡时间结束时，将试板从槽中取出，用滤纸吸干，立即或按产品标准规定的时间进行状态调节后，目视检查试板，并记录是否有失光、变色、起泡、起皱、脱落、生锈等现象和恢复时间。

2）三块试板中至少应有两块试板符合产品标准规定则为合格。

2. 浸沸水试验法

(1) 相关标准　相关标准与浸水试验法相同。

(2) 检测设备　检测设备与浸水试验法相同。

(3) 检测原理　将涂漆试板浸泡在沸水中，观察其有无发白、失光、起泡、脱落等现象。

(4) 检测步骤

1）制备试板：在马口铁板上（或按产品标准规定的底材）按标准制备试板。

2）试板养护：将试板置于标准温湿度环境，按涂膜产品标准要求时间养护涂膜实干后，待测。

3）试板的浸泡：①在玻璃水槽中加入蒸馏水或无离子水，除另有规定外，保持水处于沸状态，直到试验结束；②将三块试板放入其中，并使每块试板长度的2/3浸泡于水中。

(5) 检测结果及评定

1）试板的检查：在产品标准规定的浸泡时间结束时，将试板从槽中取出，用滤纸吸干，立即或按产品标准规定的时间进行状态调节后，目视检查试板，并记录是否有失光、变色、起泡、起皱、脱落、生锈等现象和恢复时间。

2）三块试板中至少应有两块试板符合产品标准规定则为合格。

3. 注意事项

1）试验应使用蒸馏水或去离子水，不可使用自来水，使用自来水会导致试验结果数值偏低。

2）若没有石蜡和松香混合物，可以用测试涂料封边。

3）每块试板长度的2/3浸泡于水中。

4）除另有规定，涂膜的恒温恒湿标准环境为温度（23±2)℃，相对湿度（50±5)%。

5）除另有规定，一般涂膜在恒温恒湿条件下进行状态调节 48h（包括干燥时间在内）；挥发性漆状态调节 24h（包括干燥时间在内），然后进行性能测试。

6）涂膜厚度按标准制备及测量。

7.2 涂膜耐化学品性检测

涂膜在使用过程中，常受到工业化学品（如酸、碱、盐及有机溶剂等）的“干蚀”而使涂膜受到破坏，涂膜抵抗这种“干蚀”的能力称为耐化学品性。这也是涂膜性能检测的重要项目之一，主要检测内容有耐酸性、耐碱性、耐溶剂性、耐污染性（耐家用化学品性）等。

具体的检测方法可按 GB/T 9274—1988《色漆和清漆　耐液体介质的测定》等标准规定的方法进行。

7.2.1 涂膜耐化学试剂性测定法

涂膜对酸碱盐等各种化学试剂腐蚀作用的抵抗能力称为涂膜耐化学试剂的稳定性。涂膜耐化学试剂性的测定是将涂漆试板或试棒浸入保持一定温度的液体介质中，达到规定时间后观察涂膜表面变化现象，并判断是否符合产品标准规定要求，或者测定一直浸泡到涂层破坏失效至一定程度所能持续的时间。一般分为耐盐水测定法和耐酸碱测定法，耐盐水测定法又分为常温耐盐水法和加温耐盐水法。

1. 耐盐水测定法——常温耐盐水法

（1）相关标准

1）GB/T 6682—2008《分析实验室用水规格和试验方法》。

2）GB/T 3186—2006《色漆、清漆和色漆与清漆用原材料　取样》。

3）GB/T 1727—2021《涂膜一般制备法》。

（2）检测设备

1）薄钢板：尺寸为 50mm×120mm×(0.2~0.3)mm。

2）铝板：厚度为 1~2mm。

3）普通低碳钢棒：直径为 10~12mm，长 120mm，棒的一端为球面，另一端距端面 5mm 处穿一小孔。

4）水槽：耐盐水专用水槽。

5）试剂：氯化钠（化学纯）。

（3）检测原理　将涂漆试板或试棒浸入保持一定温度的液体介质中，达到规定的时间后观察涂膜表面变化现象，并判断是否符合产品标准规定要求，或者测定一直浸泡到涂层破坏失效至一定程度所能持续的时间。

（4）检测步骤

1）按 GB/T 1727—2021 在三块薄钢板（或按产品标准规定的底材）上制备涂膜。各防锈漆、防腐漆涂两道，涂第一道后，在恒温恒湿条件下干燥间隔 48h，再涂第二道（背面亦涂漆，但不作为考核依据）。

2）以石蜡和松香 1∶1 的混合物或性能较好的自干漆封边。

3）第二道在恒温恒湿条件下干燥 7d 后投入试验，各种底漆涂一道（背面亦涂漆，但不作为考核依据），在恒温恒湿条件下干燥 48h 后投试。

4）氯化钠用蒸馏水配成 3%（质量比）水溶液。

5）将试板面积的 2/3 浸入温度为（25 ±1）℃的 3%（质量比）氯化钠溶液中。

6）试板达到产品标准规定时间取出试板，用自来水洗除盐迹，并用滤纸吸干，观察涂膜表面。

（5）检测结果及评定

1）观察涂膜有无变色、失光、起泡、生锈、起皱和脱落等现象。

2）合格与否按产品标准规定，以不少于两块试板符合产品标准规定为合格。

（6）注意事项

1）底材材质、底材处理及涂膜厚度应严格按产品标准规定。膜厚的均匀程度、涂膜干燥的好坏、涂膜表面有无缺陷（如刷痕大小、有无颗粒、缩孔）及试板封背封边的好坏对其性能的测试结果都可能产生影响。

2）每次试验，溶液应重新更换或按规定进行。

3）最好每一个试板在单独容器中浸泡，浸入的试板应离槽内壁、槽底至少 30mm。若不能在单独容器中浸泡试板，那么试板之间的间隔也至少应为 30mm，以避免试板之间相互影响。

4）涂膜变色、失光、起泡、生锈和脱落等现象的评价可参照 GB/T 1766—2008《色漆和清漆　涂层老化的评级方法》中的规定进行。

5）除另有规定，涂膜的恒温恒湿标准环境为温度（23±2）℃，相对湿度（50±5）%。

6）涂膜厚度按标准制备及测量。

2. 耐盐水测定法——加温耐盐水法

加温耐盐水法的相关标准、检测设备和检测原理与常温耐盐水法相同，不再赘述。

（1）检测步骤

1）按 GB/T 1727—2021 在三块薄钢板（或按产品标准规定的底材）上制备涂膜。各防锈漆、防腐漆涂两道，涂第一道后，在恒温恒湿条件下干燥间隔 48h，再涂第二道（背面亦涂漆，但不作为考核依据）。

2）以石蜡和松香 1∶1 的混合物或性能较好的自干漆封边。

3）第二道在恒温恒湿条件下干燥 7d 后投入试验，各种底漆涂一道（背面亦涂漆，但不作为考核依据），在恒温恒湿条件下干燥 48h 后投试。

4）氯化钠用蒸馏水配成 3%（质量比）水溶液。

5）将试板面积的 2/3 浸入温度为（40±1）℃的 3%（质量比）氯化钠溶液中。试验温度用恒温控制，如图 7-1 所示，待达到产品标准规定的浸泡时间后取出试板，用自来水洗除盐迹并用滤纸吸干，观察涂膜表面。

6）试板达到产品标准规定时间后取出试板，用自来水洗除盐迹，并用滤纸吸干，观察

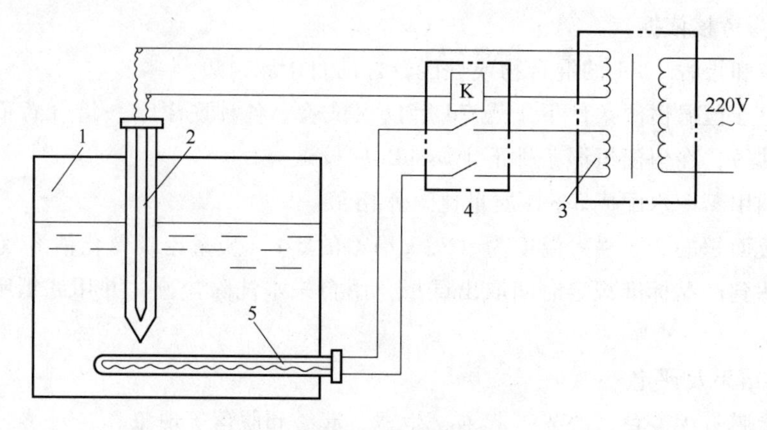

图 7-1 恒温控制

1—盐水浴槽 2—电接点水银温度计 3—变压器 4—中间继电器 5—电热棒

涂膜表面。

（2）检测结果及评定

1）观察涂膜有无变色、失光、起泡、生锈、起皱和脱落等现象。

2）合格与否按产品标准规定，以不少于两块试板符合产品标准规定为合格。

（3）注意事项

1）底材材质、底材处理及涂膜厚度应严格按产品标准规定。膜厚的均匀程度、涂膜干燥的好坏、涂膜表面有无缺陷（如刷痕大小、有无颗粒、缩孔）及试板封背封边的好坏对其性能的测试结果都可能产生影响。

2）每次试验，溶液应重新更换或按规定进行。

3）最好采用单独试板浸入试液槽的方法，浸入的试板应离槽内壁、槽底至少 30mm。若不能在单独容器中浸泡试板，那么试板之间的间隔也至少应为 30mm，以避免试板之间相互影响。

4）涂膜变色、失光、起泡、生锈和脱落等现象的评价可参照 GB/T 1766—2008 中的规定进行。

5）除另有规定，涂膜的恒温恒湿标准环境为温度（23±2）℃，相对湿度（50±5）%。

6）涂膜厚度按标准制备及测量。

3. 耐酸碱测定法

耐酸碱测定法的相关标准、检测原理与常温耐盐水法相同，不再赘述。

（1）检测设备

1）薄钢板：尺寸为 50mm×20mm×(0.2~0.3)mm。

2）铝板：厚度为 1~2mm。

3）普通低碳钢棒：直径为 10~12mm，长 120mm，棒的一端为球面，另一端距端面 5mm 处穿一小孔。

4）水槽：耐化学品水槽。

5）试剂：①硫酸（化学纯）；②氢氧化钠（化学纯）。

（2）检测步骤

1）取普通低碳钢棒，用砂纸彻底打磨后，再用200号油漆溶剂油或工业汽油洗涤，然后用绸布擦干。

2）将黏度为（20±2）s（涂-4黏度计测量）的试样倒入适合的容器中，静置至试样中无气泡。

3）用浸渍法将钢棒带孔的一端垂直浸入试样中2~3s后取出，悬挂在物架上，放置24h，再将钢棒倒转180°，按同样方法浸入试样中，取出后放置7d（自干漆均在恒温恒湿条件下干燥，烘干漆则按产品标准规定的条件干燥）投试。

4）将试棒的2/3浸入温度为（23±2）℃的产品标准所规定的介质中，并加盖。

5）浸入介质的试棒每24h检查一次，每次检查试棒须经自来水冲洗，用滤纸将水珠吸干后，观察涂膜表面。

（3）检测结果及评定

1）观察涂膜有无变色、失光、起泡、生锈、起皱和脱落等现象。

2）合格与否按产品标准规定，以两只试棒结果一致为准。

（4）注意事项

1）每次试验，溶液应重新更换或按规定进行。

2）涂膜变色、失光、起泡、生锈和脱落等现象的评价可参照GB/T 1766—2008中的规定进行。

3）除另有规定，涂膜的恒温恒湿标准环境为温度（23±2）℃，相对湿度（50±5）%。

4）涂膜厚度按标准制备及测量。

7.2.2　涂膜耐液体介质测定法

GB/T 9274—1988规定了色漆和清漆的涂膜（单一涂层或复合涂层）或涂漆试件耐受液体作用的测定方法，分为浸泡法、吸收介质法、点滴法三种测试方法，选用时要根据测试材料的要求和涂料耐受性确定。

1. 浸泡法

（1）相关标准

1）GB/T 3186—2006《色漆、清漆和色漆与清漆用原材料　取样》。

2）GB/T 9278—2008《涂料试样状态调节和试验的温湿度》。

3）GB/T 1727—2021《漆膜一般制备法》。

4）GB/T 9271—2008《色漆和清漆　标准试板》。

5）GB/T 13452.2—2008《色漆和清漆　漆膜厚度的测定》。

6）GB/T 20777—2006《色漆和清漆　试样的检查和制备》。

7）GB/T 3274—2017《碳素结构钢和低合金结构钢　热轧钢板和钢带》。

8）GB/T 2520—2017《冷轧电镀锡钢板及钢带》。

9）GB/T 3880.1—2012《一般工业用铝及铝合金板、带材　第1部分：一般要求》。

（2）检测设备

1）试板：除非另有规定和商定，试板规定马口铁板（GB/T 2520—2017）的尺寸为120mm×50mm×(0.2~0.3)mm；钢板（GB/T 3274—2017）的尺寸为120mm×50mm×(0.45~0.55)mm；铝板（GB/T 3880.1—2012 中的 2A12）的尺寸为120mm×50mm×(1~2)mm。

2）试棒（仅适用于浸泡法）：一端应磨圆，其圆弧半径接近试棒本身的半径，另一端有孔或环，尺寸为ϕ15mm×150mm。

3）测试用液体材料：按产品标准规定的测试液体。

（3）检测原理　将涂漆样板或试棒进入保持一定温度的液体介质中，达到规定的时间后观察涂膜表面变化现象，并判断是否符合产品标准规定要求，或者测定一直浸泡到涂层破坏失效至一定程度所能持续的时间。

（4）检测步骤

1）制备试件：将试板或试棒（或按产品标准规定的底材）按标准涂布制备成试件。

2）试板养护：将试板置于标准温湿度环境中，按涂膜产品标准要求时间养护涂膜实干后，待测。

3）使用单相液体时的操作如下。

① 将足够量的试液倒入一适当容器中，以完全或部分（试件的2/3）浸没试件（试棒或试板），可用适当的支架使试件以几近垂直位置浸入，试验温度为（23±2)℃。

② 为减少试液由于蒸发或溅洒而造成的损失，容器要加盖。

③ 如果规定鼓入空气搅拌或循环这种液体时，鼓气应以脱除油脂的缓慢空气流。如有此规定，就应在规定时间补加测试液或蒸馏水，以保持原体积或浓度。

④ 当达到产品标准规定的浸泡时间时，取出试件，如果为水溶液，就用水彻底清洗试件。如果为非水溶液，则用已知对涂层无损害的溶剂来冲洗，并用滤纸吸干，立刻检查试件涂层变化现象。如果规定有恢复期，应在恢复期后重复这种检查和对比。

⑤ 如果需要检查底材浸蚀现象，用规定方法除去涂层后进行。

4）使用两相液体时的操作如下。

① 涂漆试件以适当的支架使它几近垂直的位置浸入适当的容器中，对于试板，其板宽处于水平位置。

② 在使用前即时制备每种试液。

③ 除非另有规定，将密度大的液体自容器边倒入，至试件（棒或板）被浸达60mm深度，操作时要小心，务必不要沾染此水平以上的试件。

④ 除非另有规定，以同样方式加入第二种密度小的液体至试板全部浸没，加盖，不要搅动，让其放置。

⑤ 待达到产品标准规定的浸泡时间后取出试件，用滤纸吸干，立刻检查试件涂层与每一个液相接触部分的变化现象。如果规定有恢复期，应在恢复期后重复这种检查和对比。

⑥ 试件中途检查时，不必取出，否则要随即清洗并重复浸泡操作。

⑦ 如果需要检查底材浸蚀现象，用规定方法除去涂层后进行。

（5）检测结果及评定

1）检查涂膜的失光、变色、生锈、起泡、脱落等现象。

2）合格与否按产品标准规定，以不少于两块样板符合产品标准规定为合格。

（6）注意事项

1）底材材质、底材处理及涂膜厚度应严格按产品标准规定。膜厚的均匀程度、涂膜干燥的好坏、涂膜表面有无缺陷（如失光、变色、生锈、起泡、脱落等现象）及试板封背封边的好坏对其性能的测试结果都可能产生影响。

2）每次试验，溶液应重新更换或按规定进行。

3）最好采用单独试板浸入试液槽的方法，浸入的试板应离槽内壁、槽底至少30mm。若不能在单独容器中浸泡试板，那么试板之间的间隔也至少应为30mm，以避免试板之间相互影响。

4）涂膜变色、失光、起泡、生锈和脱落等现象的评价可参照GB/T 1766—2008中的规定进行。

5）除另有规定，涂膜的恒温恒湿标准环境为温度（23±2）℃，相对湿度（50±5）%。

6）涂膜厚度按标准制备及测量。

2. 吸收介质法

（1）相关标准　相关标准与浸泡法相同。

（2）检测设备

1）试板：除非另有规定和商定，试板规定马口铁板（GB/T 2520—2017）的尺寸为120mm×50mm×(0.2～0.3)mm；钢板（GB/T 3274—2017）的尺寸为120mm×50mm×(0.45～0.55)mm；铝板（GB/T 3880.1—2012中的2A12）的尺寸为120mm×50mm×(1～2)mm。

2）吸湿盘：本身应不受测试液影响，一般可采用厚1.25mm、直径25mm左右的层压纸板。

3）表面皿：尺寸合适，直径约40mm。

4）测试用液体材料：按产品标准规定的测试液体。

（3）检测原理　检测原理与浸泡法相同。

（4）检测步骤

1）制备试板，将按产品标准规定的底材按标准涂布制备成试板。

2）试板养护，将试板置于标准温湿度环境中，按涂膜产品标准要求时间养护涂膜实干后，待测。

3）使吸湿盘浸入适当数量的试液，让多余液体滴干，将盘放在试板上，使盘在试板上均匀分布，且至少离试板边缘12mm。用曲率接触不到圆盘的表面皿盖住圆盘，使样板在受试期（不超过7d）妥善置于通风环境中。如采用挥发性液体，就有必要换新的吸湿盘（如此试验应记录在报告中）。

4）待达到产品标准规定的浸泡时间后取出样板，如果为水溶液，就用水彻底清洗试板。如果为非水溶液，则用已知对涂层无损害的溶剂来冲洗，并用滤纸吸干，立刻检查试板涂层变化现象。如果规定有恢复期，应在恢复期后重复这种检查和对比。

5）如果需要检查底材浸蚀现象，用规定方法除去涂层后进行。

（5）检测结果及评定

1）检查涂膜的失光、变色、生锈、起泡、脱落等现象。

2）合格与否按产品标准规定，以不少于两块样板符合产品标准规定为合格。

（6）注意事项　注意事项与浸泡法相同。

3. 点滴法

（1）相关标准　相关标准与浸泡法相同。

（2）检测设备

1）试板：除非另有规定和商定，试板规定马口铁板（GB/T 2520—2017）的尺寸为120mm×50mm×(0.2～0.3)mm；钢板（GB/T 3274—2017）的尺寸为120mm×50mm×(0.45～0.55)mm；铝板（GB/T 3880.1—2012 中的 2A12）的尺寸为120mm×50mm×(1～2)mm。

2）测试用液体材料：按产品标准规定的测试液体。

（3）检测原理　检测原理与浸泡法相同。

（4）检测步骤

1）制备试板，将按产品标准规定的底材按标准涂布制备成试板。

2）试板养护，将试板置于标准温湿度环境中，按涂膜产品标准要求时间养护涂膜实干后，待测。

3）将涂漆试板置于水平位置，在涂层上滴加数滴试液，每滴体积约 0.1mL，液滴中心至少间隔 20mm，并至少离试板边缘 12mm。

4）如有规定，在测试部分以适当方法覆盖以防止过度蒸发。

5）待达到产品标准规定的浸泡时间后取出试板，如果为水溶液，就用水彻底清洗试板。如果为非水溶液，则用已知对涂层无损害的溶剂来冲洗，并用滤纸吸干，立刻检查试板涂层变化现象。

6）如果需要检查底材浸蚀现象，用规定方法除去涂层后进行。

（5）检测结果及评定

1）检查涂膜的失光、变色、生锈、起泡、脱落等现象。

2）合格与否按产品标准规定，以不少于两块试板符合产品标准规定为合格。

（6）注意事项　注意事项与浸泡法相同。

7.3　涂膜耐油性检测

涂膜对石油制品（汽油、变压器油、润滑油等）侵蚀的抵抗能力，称为涂膜的耐油性。

由于涂料使用的某些场合，如交通工具、机床、化工设备等经常会接触到各种汽油、变压器油、润滑油，电绝缘器材也经常会接触到各种变压器油，因此有可能使涂膜产生失光、起泡、变软、起皱等破坏现象，从而影响涂膜应有的保护作用。测试涂膜的耐油性，就可以考察涂膜在有关的实用场合是否能起到应有的保护作用。

涂膜耐油性的检测，即将试板浸入或浇上保持一定温度的油，以达到一定时间涂膜表面变化现象表示，检测采用的标准有 HG/T 3857—2006《绝缘漆漆膜耐油性测定法》等。不同方法的检测原理相同，在操作上仅浸或浇试板的时间和使用的油品有所不同，所以本节只介绍浸汽油法和浇汽油法。

7.3.1　浸汽油法

1. 相关标准

1）GB/T 3186—2006《色漆、清漆和色漆与清漆用原材料　取样》。

2）GB/T 9278—2008《涂料试样状态调节和试验的温湿度》。

3）GB/T 9271—2008《色漆和清漆　标准试板》。

4）GB/T 1727—2021《漆膜一般制备法》。

5）GB/T 20777—2006《色漆和清漆　试样的检查和制备》。

6）GB 1787—2018《航空活塞式发动机燃料》。

7）GB 1922—2006《油漆及清洗用溶剂油》。

2. 检测设备

（1）航空油（75号）　符合 GB 1787—2018。

（2）溶剂油　溶剂油应符合 GB 1922—2006 的规定。

（3）玻璃槽　玻璃槽如图 7-2 所示。

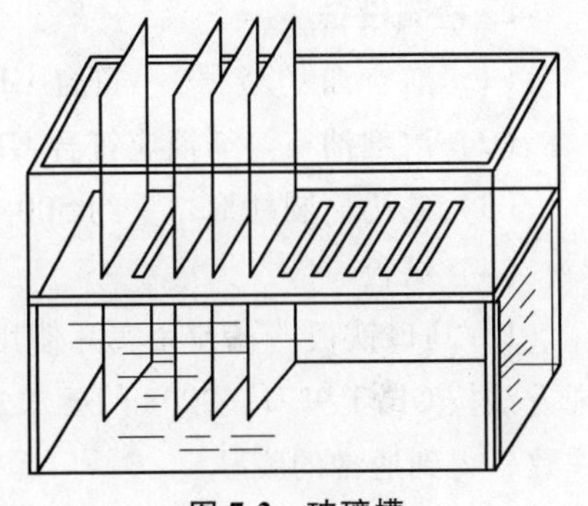

图 7-2　玻璃槽

（4）试板

1）马口铁板（或使用实际使用的底材）：尺寸为 50mm×20mm×(0.2～0.3)mm，其处理方法按 GB/T 9271—2008 的要求进行，涂料的施涂与干燥方式应与实际应用中的制备方法一致，得到通常的膜厚。

2）试板制备完毕后，应把试板放置在 GB/T 9278—2008 中规定的条件下，即温度为（23±2）℃，相对湿度为（50±5）%，养护至产品标准规定的时间。

3）用适当材料（如石蜡、松香等）涂覆试板的背面及封边，在 GB/T 9278—2008 规定的条件［温度为（23±2）℃、相对湿度为（50±5）%］下放置 24h。

4）制备足够数量的试板（一般为 3 块）。

3. 检测原理

将涂漆试板浸入保持一定温度的油中，达到规定时间后观察涂膜表面变化现象，并判断是否符合产品标准规定的要求。

4. 检测步骤

1）在玻璃槽中加入产品标准规定的油品（如航空油或溶剂油等），除另有规定，调节其温度为（23±2）℃，并在整个试验过程中保持该温度。

2）将 3 块试板放入，并使每块试板长度的 2/3 浸泡在液体中。

3）在产品标准规定的浸泡时间结束后，将试板从槽中取出，用滤纸吸干，立即或按产品标准规定放置时间后，以目视观察试板。

5. 检测结果及评定

1）检查试板涂层有无变色、失光、起泡、剥落、变软、皱皮等现象。

2）3 块试板中至少 2 块符合产品标准规定为合格，浸泡界限上、下各 0.5cm 宽的部分不作为终点观察判断。

6. 注意事项

1）每次试验，应重新更换浸泡油。因为汽油是易挥发的物质，在挥发过程中，往往留下高沸点的组分，随着补加次数的增加，高沸点的组分将会越来越多，从而影响测定结果的准确性。

2）深色试板与浅色试板应分开试验。最好一组试样用一个容器，浸入的试板应离槽内壁、槽底至少 30mm，试板之间的间隔也至少应为 30mm，避免试板之间相互影响。

7.3.2　浇汽油法

1. 相关标准

浇汽油法的相关标准与 7.3.1 小节的浸汽油法相同。

2. 检测设备

（1）航空油（75 号）　符合 GB 1787—2018。

（2）溶剂油　溶剂油应符合 GB 1922—2006 的规定。

（3）砝码　圆柱形，重约 500g，直径为（45±1）mm，底面平整。

（4）试板

1）马口铁板（或使用实际使用的底材）：尺寸为 50mm×120mm×(0.2～0.3)mm，其处理方法按 GB/T 9271—2008 的要求进行，涂料的施涂与干燥方式应与实际应用中的制备方法一致，得到通常的膜厚。

2）试板制备完毕后，应把试板放置在 GB/T 9278—2008 中规定的条件下，即温度为 (23±2)℃，相对湿度为（50±5)%，养护至产品标准规定的时间。

3）用适当材料（如石蜡、松香等）涂覆试板的背面及封边，在 GB/T 9278—2008 规定的条件［温度为（23±2)℃、相对湿度为（50±5)%］下放置 24h。

4）制备足够数量的试板（一般为 3 块）。

3. 检测原理

将试板浇上保持一定温度的油，达到规定时间后观察涂膜表面变化现象，并判断是否符合产品标准规定的要求。

4. 检测步骤

1）在恒温恒湿条件下，在每块试板上浇上按产品标准规定的汽油 5mL，立即使其布满试板表面，并使试板涂膜朝上，与水平面成 45°放置 30min。

2）然后平放，在涂膜上放一块两层厚度的纱布，其上面放一个 500g 砝码，保持 1min 后取下。

3）翻转试板，纱布不应粘在涂膜上；或用手指在试板背面轻敲几下，纱布能自由落下。

5. 检测结果及评定

3 块试板中至少 2 块符合产品标准规定则为合格。

7.4 涂膜耐热性检测

涂膜耐热性是指涂膜在规定温度下保持其所需要的力学性能和保护性能的能力。由于许多涂料产品应用在温度较高的场合，因此，耐热性的判定是这些产品的重要技术指标之一，若涂层不耐热，就会产生起泡、变色、开裂、脱落等现象，使涂膜起不到应有的保护作用。

GB/T 1735—2009《色漆和清漆　耐热性的测定》适用于涂膜耐热性的测定。该标准规定了一种通用的方法，用来测定色漆、清漆或相关产品的单一涂层或复合涂层体系在规定的温度下涂膜颜色、光泽的变化，起泡、开裂或从底材上剥离的性能。这种通用方法采用鼓风机恒温烘箱或高温炉加热，达到规定的温度和时间后，以物理性能或涂膜表面变化现象表示涂膜的耐热性能。

1. 相关标准

1） GB/T 3186—2006《色漆、清漆和色漆与清漆用原材料　取样》。

2） GB/T 9278—2008《涂料试样状态调节和试验的温湿度》。

3） GB/T 1727—2021《漆膜一般制备法》。

4） GB/T 9271—2008《色漆和清漆　标准试板》。

5） GB/T 13452. 2—2008《色漆和清漆　漆膜厚度的测定》。

6） GB/T 20777—2006《色漆和清漆　试样的检查和制备》。

7） GB/T 6742—2007《色漆和清漆　弯曲试验（圆柱轴）》。

8） GB/T 20624. 1—2006《色漆和清漆　快速变形（耐冲击性）试验　第 1 部分：落锤试验（大面积冲头）》。

9） GB/T 20624. 2—2006《色漆和清漆　快速变形（耐冲击性）试验　第 2 部分：落锤试验（小面积冲头）》。

2. 检测设备

（1） 底材　符合 GB/T 9271—2008 要求的钢板、马口铁板、铝板等，试板尺寸至少为 120mm×50mm。

（2） 干燥箱　电热鼓风恒温干燥箱。

3. 检测原理

在涂漆试板达到产品标准规定的温度和时间后，对涂膜表面进行检查（观察试板有无产生起泡、变色、开裂、脱落等现象）；也可以在耐热试验后继续进行其他性能测试，如冲击、弯曲、划痕试验等。

4. 检测步骤

1） 制备试板，在马口铁板上（或按产品标准规定的底材）按标准制备试板。

2） 试板养护，将试板置于标准温湿度环境中，按涂膜产品标准要求时间养护涂膜实干后，待测。

3）在规定或商定的温度和时间下进行试验。

4）将三块试板放入规定温度的鼓风烘箱或高温炉中，如试验在烘箱中进行，则试板距离鼓风烘箱每面的距离不小于100mm，试板相互间的间隔不小于20mm，如试验在高温炉中进行，则尽量将试板放在高温炉的中间部位。

5）在规定温度下将试板放置规定的时间。确保涂漆试板均匀受热的最好方法是用细铁丝将试板悬挂起来，也可将试板放在由合适的耐热材料制成的试板架上或将试板的涂漆面向上放在位于支承物上的耐热材料板上。

6）达到规定时间后，将试板从鼓风烘箱或高温炉中取出并使之冷却至室温。

7）经商定，也可将试板放入鼓风烘箱或高温炉中随其一起加热至规定的温度并开始计时，达到规定时间后，关闭鼓风烘箱或高温炉，使试板与其一起冷却至室温后取出观察。如果是这样操作的，则应在报告中注明。

5. 检测结果及评定

1）检查试板，并与在同样条件下制备的未经加热的试板进行比较，看涂膜的颜色是否有变化或涂膜是否有其他破坏现象，以至少两块试板现象一致为试验结果。

2）如有规定，在加热时间结束不少于16h后，将经过加热和未经过加热的试板按GB/T 6742—2007、GB/T 9279.1—2015、GB/T 9753—2007、GB/T 20624.1—2006或GB/T 20624.2—2006中规定的一种试验方法进行试验，或按其他商定的试验方法进行试验，检查是否符合规定的要求。

3）涂膜变色、起泡、开裂等现象的评价可参照GB/T 1766—2008《色漆和清漆 涂层老化的评级方法》中的规定进行。

6. 注意事项

1）底材材质、底材处理及涂膜厚度应严格按产品标准规定。膜厚的均匀程度、涂膜干燥的好坏、涂膜表面有无缺陷（如刷痕大小、有无颗粒、缩孔）及试板封背封边的好坏对其性能的测试结果都可能产生影响。

2）耐热性检测的温度要准确调节，保持在允许偏差范围内。保温时间要按规定设置，不能过长也不能过短。

3）操作方法按标准规定，试板应在鼓风烘箱温度达到要求后放入，到保温时间后取出，即骤热骤冷。但有一些涂料产品标准要求随着鼓风烘箱升温降温，耐热时间应从到达规定温度时算起，到规定时间后降温。

4）除另有规定，涂膜的恒温恒湿标准环境为温度（23±2）℃，相对湿度（50±5）%。

5）除另有规定，一般涂膜在恒温恒湿条件下进行状态调节48h（包括干燥时间在内）；挥发性漆状态调节24h（包括干燥时间在内），然后进行性能的测试。

6）涂膜厚度按标准制备及测量。

7.5 涂膜耐候性检测

涂膜抵抗阳光、空气、雨、露、风、霜、微生物等气候环境破坏作用而保持原性能的能力，称为涂膜的耐候性。涂膜在实际使用过程中受到各种自然环境因素的作用，造成其物理化学和力学性能发生不可逆的变化并最终导致涂膜破坏的现象，称为涂膜老化。常见的现象有变色（褪色）、失光、粉化、起泡、开裂、生锈、剥落、斑点、沾污等。由于涂料的质量不仅取决于各项物理性能，更重要的是其使用寿命，即涂料本身对大气的耐久性。

涂膜老化试验的方法应用最多的有大气老化试验和人工气候老化试验。大气老化试验依据的国家标准是 GB/T 9276—1996《涂层自然气候曝露试验方法》；人工气候老化试验依据的国家标准是 GB/T 1865—2009《色漆和清漆　人工气候老化和人工辐射曝露　滤过的氙弧辐射》。自然气候曝露试验虽然可以真实反映某地区、某时间段环境对产品的破坏程度，但它会受到试验条件中诸多不确定因素的变化而影响试验结果。一般来讲，自然气候曝露的影响总是随曝露地点的自然环境（地域、国度、气象、季节）的差异而变化。另外，涂料产品的自然气候曝露试验的周期都较长（以年的倍数计）。出于经济竞争及缩短天然老化试验周期的需求，我国许多产品标准中均选用了人工气候老化试验来考查产品的耐候性能。

7.5.1　大气老化试验

大气老化试验依据 GB/T 9276—1996，该标准适用于开放式自然气候曝露试验，用于评价涂层在室外自然条件下曝露时间的耐候性。

1. 相关标准

1）GB/T 3186—2006《色漆、清漆和色漆与清漆用原材料　取样》。

2）GB/T 9278—2008《涂料试样状态调节和试验的温湿度》。

3）GB/T 1727—2021《漆膜一般制备法》。

4）GB/T 9271—2008《色漆和清漆　标准试板》。

5）GB/T 13452. 2—2008《色漆和清漆　漆膜厚度的测定》。

6）GB/T 9761—2008《色漆和清漆　色漆的目视比色》。

7）GB/T 11186. 2—1989《涂膜颜色的测量方法　第二部分　颜色测量》。

8）GB/T 1766—2008《色漆和清漆　涂层老化的评级方法》。

2. 检测设备

（1）曝露试验场

1）曝露试验场应选择在能代表各种气候类型最严酷的地区或在受试产品实际使用环境条件下建立。

2）曝露试验场应建立在平坦、空旷的地方，不积水、草高不应超过 0. 3m。

3）曝露试验场附近应无工厂烟囱和能散发大量腐蚀性气体的设施，避免局部严重污染的影响。

4）工业气候曝露试验场应设在工厂区内。盐雾气候曝露试验场应建在海边或海岛上。

5）曝露试验场内应具有必需的气象观测设备、各种试板涂层检查仪器及照明设施。气象资料主要包括气温、湿度、日照时数、太阳辐射量、降雨量、风速、风向等。

（2）曝露试验架

1）曝露试验架应采用不影响试验结果的材料制成，如木材、铝合金或经涂刷防腐涂料的钢材制成，其结构力求坚固耐用，经得起当地最大风力吹刮，并能自由调节曝晒角度。

2）曝露试验架内的试板固定（推荐使用瓷绝缘子）在曝露试验架上，尽可能不与曝露试验架材料接触。

3）曝露试验架摆放应保证架子空间自由通风，避免相互挡阳光和便于工作，底端离地面不小于0.5m。

4）曝露试验架面向赤道，并与地平线成45°角曝露样板。为使样板表面接受最大的太阳辐射量，应把曝露架面与地平线成当地纬度角摆放。

（3）试板

1）试样用底材应采用实际使用的底材，其处理方法按GB/T 9271—2008的要求进行。

2）试板尺寸：除非另有商定，试板的表面积应不小于$0.03m^2$，边长不小于100mm，尺寸一般规定为250mm×150mm。

3）试板的制备及厚度要求如下。

① 涂膜的制备及厚度应参照各种受试产品标准规定进行。自然曝露试验涂膜厚度要求见表7-1。

② 涂膜厚度的测量按GB/T 13452.2—2008的规定进行。

③ 在最后一道涂膜完全干燥后，用耐候性良好的涂料涂覆试板的背面及封边，封边宽度一般规定为5mm。

④ 试板制备完毕后，应将其放置在GB/T 9278—2008规定的条件下进行状态调节。烘干型涂料处置1d，自干型涂料处置7d后，然后投入试验。

⑤ 每一个涂料品种，同时用同样的施工方法制备两块曝露试板和一块对照用标准试板，标准试板不封边，并保存在室内通风、干燥、不受光照的地方。

表7-1 自然曝露试验涂膜厚度要求 （单位：μm）

涂料种类	一般涂料	地固体分、低黏度涂料	乙烯磷化底漆
底漆	两道共40±5	两道共30±5	一道10±2
面漆	两道共60±5	两道共40±5	
总厚度	100±10	70±10	

3. 检测原理

大气老化试验又称自然气候曝露试验，指在各种自然环境下研究大气各种因素对涂膜所起的老化破坏作用，通过对试验期间及试验结束后试板的外观检查以评定其耐久性，也可以在曝晒过程中或曝晒结束后进行涂膜物理力学性能的测试。大气老化试验根据大气种类可分为普通大气、工业大气和海洋性大气；根据气候特征可分为寒冷气候、寒温高原气候、亚湿热工业气候、湿热气候、干热气候等。而曝露方法又可分为朝南45°、当地纬度、垂直纬度及水平曝露等。

4. 检测试验

1）调节养护好的试板，先观察涂膜外观，如光泽、颜色及要求测定的物理力学性能，并做好记录。

2）曝露试验的结果会随投试季节而改变，尽管这种影响会随曝露时间的延长而减少。当曝露周期少于1年时，若需获得产品的完整特征，则应在6个月后对该试板进行一次重复试验。曝露投试季节一般规定在每年春末夏初。

3）以年和月作为曝露试验的时间单位。如无特殊规定，投试3个月内，每半个月检查一次；投试3个月后至1年，每个月检查一次；超过1年后，每3个月检查一次。也可以使用试板表面接受一定的太阳辐射量作为曝露周期。当天气骤变时，应随时检查，如有异常现象应记录或拍照。

4）如果规定在一定的曝露周期，洗涤整个或一部分试板，则在检查前用棉纱在自来水中冲洗，晾干后检查；若规定需要对试板进行抛光的，则要用规定的抛光剂处理，然后进行检查。

5）试板的曝露期限，可按产品标准的要求或提出预计时间（年、月），也可使用试板接受的太阳辐射量作为曝露期限，也可规定曝露试板达到某一老化破坏程度作为曝露期限。

6）作为腐蚀试验的试板，投试前按产品规定在该涂膜上划一道深可见底的划痕，宽度为0.5~1mm，并检查划痕两边的破坏情况。

7）位于风沙、灰尘较多的曝露试验场，应经常用软扫帚打扫试板表面，使试板充分受到大气因素的作用。

5. 检测结果及评定

规定的检查项目包括失光、变色、裂纹、起泡、斑点、生锈、泛金、沾污、长霉和脱落等，检查方法主要有仪器法和目测法两种，其中，光泽和颜色测试可按GB/T 9754—2007、GB/T 9761—2008和GB/T 11186.2—1989进行，涂层的粉化评价按GB/T 1766—2008进行。

7.5.2 人工气候老化试验

人工气候老化试验依据GB/T 1865—2009，该标准规定了色漆和清漆曝露在氙灯装置及水、水蒸气下的人工气候老化试验程序。老化的结果可以通过比较涂层在老化前、老化过程中及老化后所选定的参数来单独评定。

1. 相关标准

1）GB/T 3186—2006《色漆、清漆和色漆与清漆用原材料　取样》。

2）GB/T 9278—2008《涂料试样状态调节和试验的温湿度》。

3）GB/T 1727—2021《漆膜一般制备法》。

4）GB/T 9271—2008《色漆和清漆　标准试板》。

5）GB/T 13452.2—2008《色漆和清漆　漆膜厚度的测定》。

6）GB/T 20777—2006《色漆和清漆　试样的检查和制备》。

2. 检测设备

（1）人工气候老化试验机　设备主要包括试验箱、辐射源和过滤系统、试验箱调节系统、试板架、黑标准/黑板标准、辐射量测定仪等。

（2）试板

1）试样用底材应采用实际使用的底材（其处理方法按GB/T 9271—2008的要求进行），

涂料的施涂与干燥方式应与实际应用中的制备方法一致，得到通常的膜厚。

2）试板制备完毕后，应把试板放置在 GB/T 9278—2008 规定的条件下进行状态调节。烘烤漆应按实际使用中的条件干燥，干燥时间和放置时间按规定进行。

3）涂膜完全干燥后，用耐候性良好的涂料涂覆试板的背面及封边，并将试板做上永久性标记。

4）制备足够数量的试板。如有要求，每种试板应至少多制备一块存放在 18~25℃下的黑暗环境中，作为标准试板。

3. 检测原理

人工气候老化试验又称人工加速老化试验，是人们在基于大量自然气候曝露试验的结果中找出的气候变化因素与涂膜破坏之间的关系，在实验室内模拟自然气候作用或在窗玻璃下发生的老化过程的一种试验方法。与自然气候曝露试验相比，人工气候老化试验仅涉及几个有限的因素（变量），这些因素易于控制及适度强化，从而可起到加速老化试验的作用。在试验时，可通过对试验期间及试验结束后试板的外观、物理、化学、力学等性能的检查以评定其耐候性。人工气候老化试验机是一种可以在实验室内创造出所谓人工气候（模拟自然界中多种特征气候因素），并能达到加速老化试验效果的大型仪器。人工气候老化试验机一般可根据试验所采用的光源来进行分类，常见的有碳弧灯型、荧光紫外灯型、氙弧灯型及金属卤素灯型等。

4. 检测试验

1）将调节养护好的试板放置在试板架上，使试板周围的空气可以流通。

2）调节人工气候老化试验机，正常试验中，将黑标准温度设置在（65±2）℃或（63±2）℃；试验箱内的空气温度为（38±3）℃，相对湿度为 40%~60%。

3）将试板同参照板同时曝露。

4）曝露时间一直进行到：①试板表面已经受到商定的辐射曝露；②到达商定或规定的老化指标。

5. 检测结果及评定

在人工气候老化试验的过程中和试验结束时，均应对试板涂膜进行检查及评级。试板检查时，可将试板由箱内取出后与标准试板进行比较，主要检查项目有变色、失光、粉化、起泡、生锈、开裂、剥落、斑点、泛金、沾污、长霉等。评定可参照相关产品标准的要求进行，也可以按 GB/T 1766—2008 中的规定进行。试板的评级分单项评级和综合评定两种，综合评定又分装饰性漆和保护性漆两种方法，根据试板破坏的程度可评出：优、良、中、可、差、劣共 6 个级别。试板周边、孔周围 5mm 及外来因素引起的破坏现象不作考核，最终结果以 3 块试板中级别一致的 2 块为准。

7.6 涂膜耐温变性检测

涂膜耐温变性是指涂层经受冷热交替的温度变化而保持原性能的能力。涂料在实际应用中往往会曝露在不同季节、不同气候条件下，在此期间要经受外界气候的不同温度变化，经常会出现起泡、粉化、开裂、剥落及变色等现象，直接影响到涂料的使用寿命。

涂膜耐温变性试验依据 JG/T 25—2017《建筑涂料涂层耐温变性试验方法》，涂层经冻融循环后，观察涂层表面情况变化的指标，以涂层表面变化现象来表示，如粉化、起泡、开裂、剥落等。该标准适用于测定外墙建筑涂料涂层的耐温变性。

1. 相关标准

1）GB/T 3186—2006《色漆、清漆和色漆与清漆用原材料　取样》。

2）GB/T 9278—2008《涂料试样状态调节和试验的温湿度》。

3）GB/T 9271—2008《色漆和清漆　标准试板》。

4）GB/T 13452.2—2008《色漆和清漆　漆膜厚度的测定》。

5）GB/T 20777—2006《色漆和清漆　试样的检查和制备》。

2. 检测设备

（1）低温箱　温度控制在（-20±2）℃。

（2）恒温箱　温度控制在（50±2）℃。

（3）恒温水槽　温度控制在（23±2）℃。

（4）天平　称量范围为500g，感量0.01g。

（5）试板

1）试样用底材应采用实际使用的底材（其处理方法按 GB/T 9271—2008 的要求进行），涂料的施涂与干燥方式应与实际应用中的制备方法一致，得到通常的膜厚。

2）试板制备完毕后，应把试板放置在 GB/T 9278—2008 中规定的条件［温度为（23±2）℃，相对湿度为（50±5）%］下养护至产品标准规定的时间。

3）用适当材料（如石蜡、松香等）涂覆试板的背面及封边，按 GB/T 9278—2008 中规定的条件［温度为（23±2）℃，相对湿度为（50±5）%］放置24h。

4）制备足够数量的样板，每组4块，其中试验试板3块，留作标准试板1块。

3. 检测原理

将养护干燥后的试板在规定的低温和高温下交换放置一定时间，循环数次后观察涂膜变化的情况，使涂膜在相对短时间内发生温度的变化，验证涂膜耐用程度。

4. 检测步骤

1）将试板置于水温为（23±2）℃的恒温水槽中，浸泡18h。浸泡时试板间距不小于10mm。

2）取出试板，侧放于试架上，试板间距不小于10mm。将装有试板的试架放入预先降温至（-20±2）℃（或商定温度）的低温箱中，自箱内温度达到-18℃（或商定温度）起，冷冻3h。

3）从低温箱中取出试板，立即放入（50±2）℃（或商定温度）的恒温箱中，热烘3h，取出试板。

4）按上述步骤为一个循环。循环次数按照产品标准的规定进行。

5）试板达到产品规定的循环次数后，取出试板，按 GB/T 9278—2008 中规定的条件［温度为（23±2）℃，相对湿度为（50±5）%］放置2h，然后检测试板涂层。

5. 检测结果及评定

1）检查试板涂层有无变色、粉化、起泡、开裂、剥落等。

① 粉化：用手擦拭涂层，观察有无掉粉现象。

② 开裂：观察涂层有无开裂现象。

③ 剥落：观察涂层有无剥落、露底现象。

④ 起泡：观察涂层有无起泡、空鼓现象。

⑤ 变色：与留作标准试板的试板对比，颜色和光泽有无明显变化。

2）每组试验中，至少有 2 块试板未出现变色、粉化、起泡、开裂、剥落现象判定为合格；若因试板开裂等原因引起涂层破坏，则该组试验应重新进行。

6. 注意事项

1）底材选用：尤其要注意底材的酸性、碱性及其致密程度等。

2）涂膜的制备：由于制备过程的不合理而导致涂膜产生气泡、缩孔等病态，都影响涂膜的耐温变性。涂膜厚度不均匀也会影响涂膜的耐温变性。

3）干燥过程：干燥条件不合适或干燥时间不充分，都会给涂膜的耐温变性带来很大的影响。

4）试验用水质量：试验用水不符合三级水的要求，部分用户使用自来水或纯净水作为试验用水都是不合适的。

7.7 涂膜耐湿热性检测

涂膜的耐湿热性指涂膜对高温、高湿环境作用的抵抗能力。潮湿的空气及饱和水蒸气会对涂层保护的底材产生作用，其破坏机理主要为：水对涂膜有溶解及渗透作用，当水分透过涂膜达到底材时，会造成涂膜之间及涂膜与底材之间起泡，与金属底材接触后会产生电化学腐蚀作用。另外，涂膜本身也会因吸收一部分水分后发生膨胀，降低了涂膜与底材间的附着力。尤其是在高温、高湿的条件下，水汽向涂膜内部扩散的速度会加快，底材也更容易受到腐蚀破坏。耐湿热试验也是耐腐蚀试验的一种，一般与耐盐雾性试验同时进行。

涂膜的耐湿热性测定依据 GB/T 1740—2007《漆膜耐湿热测定法》，该标准规定了色漆、清漆或相关产品的涂层抗高温、高湿环境能力的试验方法。

1. 相关标准

1）GB/T 3186—2006《色漆、清漆和色漆与清漆用原材料　取样》。

2）GB/T 9278—2008《涂料试样状态调节和试验的温湿度》。

3）GB/T 1727—2021《漆膜一般制备法》。

4）GB/T 9271—2008《色漆和清漆　标准试板》。

5）GB/T 13452.2—2008《色漆和清漆　漆膜厚度的测定》。

6）GB/T 20777—2006《色漆和清漆　试样的检查和制备》。

7）GB/T 1766—2008《色漆和清漆　涂层老化的评级方法》。

8）GB/T 6682—2008《分析实验室用水规格和试验方法》。

2. 检测设备

（1）调温调湿箱　该设备一般由溶液瓶、加热贮槽、发湿器、温湿度计及控制器、试验箱体及管路、试板架等组成。当试验溶液注入加热贮槽预热后，经水泵打入加湿器内雾化并由风扇吹入可调节温、湿度的试验箱体时，箱体内便形成了一个恒温、恒湿的环境。

（2）试板

1）除非另有规定，选用符合 GB/T 9271—2008 要求的底材，尺寸约为 150mm×70mm×1mm。

2）除非另有规定，按 GB/T 9271—2008 的规定处理每一块底材。

3）除非另有规定或商定，按照 GB/T 1727—2021 的要求涂覆受试产品或体系。

4）除非另有规定，试板可用受试产品或体系进行封边、封背。

5）将每一块已涂装的试板在规定的条件下干燥（或烘烤）并放置规定时间，除非另有规定，试验前试板应在 GB/T 9278—2008 规定的条件下，至少调节 16h。

6）涂层厚度按 GB/T 13452. 2—2008 中规定的方法测定，即测定试板干涂层的厚度。

3. 检测原理

在实验室中较为恒定地模拟自然界中高温潮湿的腐蚀环境，并通过对试验期间及试验结束后的试板观察来评定涂层耐湿热腐蚀性能。

4. 检测步骤

1）调节调温调湿箱，箱内温度设为（47±1）℃，相对湿度设为（96±2）%，试验用水至少满足 GB/T 6682—2008 中的三级水或商定的其他温度、湿度条件。

2）将试板垂直悬挂于搁板上，试板的正面不允许相互接触。

3）将搁板放入预先调节的调温调湿箱中。当温度和湿度达到设定值时，开始计算试验时间。试验过程中试板表面不应出现凝露。

4）连续试验 48h 检查一次。两次检查后，每隔 72h 检查一次，每次检查后，试板应变换位置。

5）试验时间：①可参照相关产品标准的规定或双方规定时间；②双方约定的停止指标。

5. 检测结果及评定

1）将试板由箱内取出后，在光线充足或灯光下与标准板进行比较，按 GB/T 1766—2008 中的规定评判试板的起泡、生锈、脱落、变色等破坏的程度，或者按综合破坏等级进行评判。

2）试板四周边缘、板孔周围 5mm 内及外来因素引起的破坏现象不作考核。

3）最终结果以 3 块试板中级别一致的 2 块为准。

6. 注意事项

1）试板检查时，试板表面必须避免有指印，以免加快腐蚀速度。

2）试板的层叠放置会使上层试板上的水滴落在下层试板上，影响试验结果。

3）若试板的放置过于拥挤，容易造成试板间及与箱体之间接触，有可能产生电偶及箱体内部的气体流通不畅。

4）试验箱体的绝热层破坏或失效会引起箱体内外的温差，造成箱体顶部产生的冷凝水滴落在试板上，造成试验误差。

5）检查试板的时间应尽量缩短（≤0.5h），时间过长会影响试验结果。

7.8 涂膜耐盐雾性检测

涂膜的耐盐雾性指涂膜对盐雾侵蚀的抵抗能力。由于沿海及近海地区的空气中富含呈弥散状微小水滴状的盐雾，含盐雾的空气除了相对湿度较高，其相对密度也较普通空气大，容易沉降在各种物体上，而盐雾中的氯化物具有很强的腐蚀性，对金属材料及保护涂层具有强烈的腐蚀作用。作为耐腐蚀试验之一的耐盐雾性试验，现已广泛应用于评价和比较底材、前处理、涂层体系或它们的组合体的耐腐蚀情况，并在许多工业产品、矿物、地下工程、国防工程的鉴定程序中成为非常有效的手段。

虽然户外盐雾腐蚀（特定试验环境）可较真实地反映某阶段该环境条件对产品的影响，但出于对户外不确定因素无法控制的考虑及缩短试验时间的需求，许多工业产品标准中均规定了用耐盐雾性试验来考核涂膜的耐盐雾腐蚀性能，而该试验是基于大量户外盐雾腐蚀试验的结果并从中找出户外环境与涂膜破坏之间的关系，目的是在实验室中模拟自然界中的盐雾腐蚀环境，并通过对试验期间及试验结束后的试板观察来评定涂膜的耐盐雾性。具体检测标准是 GB/T 1771—2007《色漆和清漆　耐中性盐雾性能的测定》。

1. 相关标准

1）GB/T 3186—2006《色漆、清漆和色漆与清漆用原材料　取样》。

2）GB/T 9278—2008《涂料试样状态调节和试验的温湿度》。

3）GB/T 1727—2021《漆膜一般制备法》。

4）GB/T 9271—2008《色漆和清漆　标准试板》。

5）GB/T 13452.2—2008《色漆和清漆　漆膜厚度的测定》。

6）GB/T 20777—2006《色漆和清漆　试样的检查和制备》。

7）GB/T 6682—2008《分析实验室用水规格和试验方法》。

8）ISO 9227：2022《人造气氛腐蚀试验　盐雾试验》。

9）GB/T 10125—2021《人造气氛腐蚀试验　盐雾试验》。

2. 检测设备

（1）盐雾试验箱　该设备有以下主要部件。

1）盐雾箱：应由耐盐水溶液腐蚀的材料制成或用它衬里，带有可防止冷凝水落到试板上的罩盖，容积不小于 $0.4m^3$。

2）恒温控制元件。

3）喷雾装置：由一个压缩空气供给器、一个喷雾溶液的储罐和一个或多个由耐盐水腐蚀材料制成的喷嘴组成。

4）喷雾收集装置：由化学惰性材料制成。

5）试板支架：能以与垂直面成 15°~25°的角度支承试板。

（2）试板　除非另有规定和商定，试板规定尺寸为 150mm×100mm×1mm。

（3）试验溶液　试验溶液的相关要求如下。

1）试验溶液配制：将氯化钠（≥99.5%）溶于符合 GB/T 6682—2008 中规定的三级水中，质量浓度为（50±5）g/L。

2）试验溶液配制的 pH 值：溶液 pH 值应在 6.5~7.2，超出该范围时可加入分析纯盐酸或碳酸氢钠溶液进行调整。溶液经过滤后方可使用。

3. 检测原理

将涂过漆的试板曝露于中性盐雾中，用有关各方预先约定的原则或标准评定盐雾曝露的结果。

4. 检测步骤

1）制备试件，将试板或试棒（或按产品标准规定的底材）按标准涂布制备成试件。

2）试板养护，将试板置于标准温湿度环境中，按涂膜产品标准要求时间养护涂膜实干后，至少再调节 16h 后待测。

3）盐雾试验箱检测条件：①盐雾试验箱内的温度应保持在（35±2）℃；②对面积为 $80cm^2$ 的水平喷雾收集装置而言，在最小周期为 24h 测得的盐雾溶液的平均收集速率应为 1~2.5mL/h；③收集到氯化钠溶液的浓度为（50±10）g/L，pH 值为 6.5~7.2。

4）试板划痕的刻制（如需划痕的试板）：①所用的划痕距试板的每一条边和划痕相互之间应至少为 25mm；②划痕应为透过涂层至底材的直线；③实施划痕时使用一种带有硬尖的划痕工具（不允许使用手术刀、刮胡刀、小刀、针等工具），划痕应有两侧平行或上部加宽的断面，金属底材划痕宽度为 0.3~1.0 mm，另有规定除外；④可以划出一道或两道划痕。除非另有规定，划痕应与试板长边平行。

5）试板曝露方法：①不应将试板放置在雾粒从喷嘴出来的直线轨迹上；②每块试板的受试表面朝上，与垂线夹角是 20°±5°；③试板的排列应不使其相互接触或与箱体接触，受试表面应曝露在盐雾能无阻碍地沉降的地方。

6）关闭盐雾试验箱使试验溶液通过喷嘴开始流动。在整个规定试验周期内应连续喷雾。

7）应定期检查试板（如有可能，应在每天的相同时间内检查），同时注意不应损伤受试表面。

8）在任一 24h 内检查、重新排列或取出试板、检查和补充贮槽中溶液时，盐雾试验箱的停止时间不得超过 30min；不允许使试板变干。

9）在规定的试验周期结束时，从设备中取出试板，用清洁的温水冲洗以除去试板表面的试验溶液残留物，而后立即把试板擦干并检查试板表面的损坏现象。

5. 检测结果及评定

1）除另有规定，应进行两次平行测定。

2）观察试板划线处及未划线区的单向扩蚀蔓延的程度及起泡、生锈、脱落、变色等现象并评级。试板周边及孔周围 5mm 内不作考核，最终结果以 3 块试板中级别一致的 2 块为准。

3）试验时间可参照相关产品标准的规定，或委托试验方与试验机构之间约定一个破坏的指标为试验终点，如单向锈蚀的宽度、未划线区起泡、生锈、脱落的等级等，常见的试验时间为24h的倍数。

6. 注意事项

1）当试板的养护期结束后，除留出其中一块作为标准板外，其余3块应立即投入试验机内进行试验。试板应表面朝上放在箱内的试板支架上，试板之间及试板与箱体之间不允许接触，试板不允许层叠放置。另外，试板在试板架上应以有规律的时间间隔进行变换，如前排、中排、后排的交换。

2）除非另有规定，试板的背面和边缘也用待测产品或体系涂覆。

3）已喷雾过的试验溶液不应重复使用。

4）除非另有规定，涂膜的恒温恒湿标准环境为温度（23±2）℃，相对湿度（50±5）%。

5）涂膜厚度按标准制备及测量。

6）影响盐雾试验结果的因素如下所示。

① 盐雾试验箱及所有盐溶液或盐雾所接触的部件应是由具有耐蚀性、不透气的材料制成，否则部件的同步腐蚀将影响试板的检验结果。

② 喷雾塔的挡板角度应调整至适当的位置，避免因喷嘴的喷射方向直接对准试板，造成外力冲击，从而影响盐雾自由沉降的试验效果。

③ 盐雾试验箱的排空管应有足够的尺寸以降低箱内的回压，排空管的末端还应有遮挡板，否则箱内会产生压力或真空波动，从而对检验结果造成一定的影响。

④ 应对为盐雾试验箱提供喷雾作用的压缩空气进行除油、除水及除尘处理，否则很容易导致喷嘴堵塞或直接影响测试结果。

第8章

数据处理

在涂料分析与检测中，准确地进行各种测量、正确地记录和计算试验数据、合理地使用计量单位、对试验数据进行检验是得到准确分析结果的前提。

试验中得到的数据，其位数不仅表示数字的大小，也反映测量的准确程度。正确地记录试验数据，是指正确记录数字的位数。试验数据保留几位数字应根据测量仪器、分析方法的准确度来确定。

8.1 有效数字

有效数字是指在分析工作中实际能够测量到的数字，或者也指一个数据中从第一个非零数字直到末尾数字为止的数字。实际能够测量到的是包括最后一位估计的、不确定的数字。

把通过直读获得的准确数字称为可靠数字；把通过估读得到的那部分数字称为存疑数字。将测量结果中能够反映被测量大小的带有一位存疑数字的全部数字称为有效数字。数据记录时，记录的数据和试验结果真值一致的数据位便是有效数字。

有效数字是在整个计算过程中大致维持重要性的近似规则，更复杂的科学规则被称为不确定性的传播。

1. 有效数字的正确表述

1）有效数字中只应保留一位欠准数字，因此在记录测量数据时，只有最后一位有效数字是欠准数字。

2）在欠准数字中，要特别注意0的情况。0在非零数字之间与末尾时均为有效数字；在小数点前或小数点后均不为有效数字。从一个数据的左边第一个非零数字起，到末位数字止，所有的数字都是这个数据的有效数字，就是一个数据从左边第一个不为零的数字数起，到末尾数字为止，所有的数字（包括0，科学计数法不计10^n），称为有效数字。简单地说，把一个数字前面的0都去掉，从第一个正整数到精确的数位为止的所有数字都是有效数字。

具体示例如下所示。

① 0.056和0.56的有效数字与小数点无关，均为2位有效数字。

② 303和110都为3位有效数字。

③ 当数字为120.0时，称为4位有效数字。

④ 对于0.0105，前面两个“0”不是有效数字，后面的“105”均为有效数字（注意，

中间的“0”也算)。

⑤ 2.105×10^5 中，“2.105”均为有效数字，后面的 10^5 不是有效数字；3.2×10^6 中，只有“3”和“2”是有效数字。

⑥ 0.0120 中，前面的两个“0”不是有效数字，后面的“120”均为有效数字（后面的0也算)。

⑦ 1.10 有 3 位有效数字。

⑧ 1100.120 有 7 位有效数字。

3）π 等常数，具有无限位数的有效数字，在运算时可根据需要取适当的位数。

2. 有效数字的具体应用

1）试验中的数字与数学上的数字是不一样的。例如，数学中的 8.35=8.350=8.3500，而试验中的 8.35≠8.350≠8.3500。

2）有效数字的位数与被测物的大小和测量仪器的精密度有关。假设测得物体的长度为 5.15cm，若改用千分尺来测量，其有效数字的位数有 5 位。

3）第一个非零数字前的“0”不是有效数字。

4）第一个非零数字以及之后的所有数字（包括“0”）都是有效数字。

5）当计算的数值为 lg 或者 pH、pOH 等对数时，由于小数点以前的部分只表示数量级，故有效数字位数仅由小数点后的数字决定。例如，lg$x$=9.04 为 2 位有效数字，pH=7.355 为 3 位有效数字。

6）特别地，当第一位有效数字为“8”或“9”时，因为与高一个数量级的数相差不大，可将这些数字的有效数字位数视为比有效数字数多一个。例如，8.314 是 5 位有效数字，96845 是 6 位有效数字。

7）单位的变换不应改变有效数字的位数。因此，试验中要求尽量使用科学计数法表示数据。如 100.2m 可记为 0.1002km。但若用 cm 和 mm 做单位时，数学上可记为 10020cm 和 100200mm，改变了有效数字的位数，这是不可取的，采用科学计数法就不会产生这个问题。

3. 有效数字在试验中有效位数的保留

有效数字保留的位数，应根据分析方法与仪器的准确度来决定，在记录、计算时应以测量可能达到的精度为依据来确定数据的位数和取位。如果参加计算的数据位数取少了，会影响计算结果的应有精度；如果位数取多了，易误解为测量精度很高，且增加了不必要的计算工作量。

例如，在分析天平上称取试样 0.5000g，这不仅表明试样的质量为 0.5000g，还表明称量的误差在±0.0002g 以内；若将其质量记录成 0.50g，则表明该试样是在台称上称量的，其称量误差为 0.02g，故记录数据的位数不能任意增加或减少。

在上例中，在分析天平上测得称量瓶的质量为 10.4320g，这个记录说明有 6 位有效数字，最后一位是可疑的。因为分析天平只能称准到 0.0002g，即称量瓶的实际质量应为（10.4320±0.0002）g，无论计量仪器如何精密，其最后一位数值总是估计出来的。因此，所谓的有效数字就是保留末位不准确数字，其余数字均为准确数字。同时，从上面的例子也可以看出，有效数字和仪器的准确程度有关，即有效数字不仅表明数量的大小，而且也反映测量的准确度。

8.2 数值修约

在数据处理过程中，测得的各个数据的有效数字位数可能不同，因此在计算过程中需要引入一定的规则来确定各个测量值的有效数字位数，并将某些数据后面多余的数字舍弃，这个过程称为“数字修约”，所遵循的规则称为“数值修约规则”。

为了适应生产和科技工作的需要，我国颁布了 GB/T 8170—2008《数值修约规则与极限数值的表示和判定》，通常归纳为如下口诀：“四舍六入五考虑，五后非零则进一，五后为零视奇偶，五前为偶应舍去，五前为奇则进一。”

1. 数值修约的基本概念

（1）数值修约　通过省略原数值的最后若干位数字，调整所保留的末位数字，使最后所得到的值最接近原数值的过程。

（2）修约间隔　修约值的最小数值单位。修约间隔的数值一经确定，修约值即为该数值的整数倍。例如，指定修约间隔为 0.1，则修约值为 0.1 的整数倍，指定修约间隔为 0.5，则修约值为 0.5 的整数倍。

2. 数值修约规则

（1）进舍规则　拟舍弃数字中最左边的一位数字小于 5，则舍去；拟舍弃数字中最左边的一位数字大于 5，或者是 5，而其后跟有并非全部为零的数字时，则进一；拟舍弃数字中最左边的一位数字为 5，而右面无数字或皆为零时，若所保留的末位数字为奇数（1、3、5、7、9）则进一，为偶数（2、4、6、8、0）则舍去。

进舍规则的具体运用如下。

1）将 28.175 和 28.165 修约成 4 位有效数字，则分别为 28.18 和 28.16。

2）若被舍弃的第一位数字大于 5，则其前一位数字加 1。例如，28.2645 修约成 3 位有效数字时，其被舍去的第一位数字为 6（大于 5），则有效数字应为 28.3。

3）若被舍其的第一位数字等于 5，而其后数字全部为零时，则是根据被保留末位数字为奇数或偶数（零视为偶）而定进或舍，末位数是奇数时进一，末位数为偶数时不进一。例如，28.350、28.250、28.050 修约成 3 位有效数字时，分别为 28.4、28.2、28.0。

4）若被舍弃的第一位数字为 5，而其后的数字并非全部为零时，则进一。例如，28.2501 只取 3 位有效数字时，成为 28.3。

5）若被舍弃的数字包括几位数字，不得对该数字进行连续修约，而应根据以上各条进行一次处理。以 2.154546 为例，只取 3 位有效数字时，应为 2.15，不得按 2.154546→2.15455→2.1546→2.155→2.16 连续修约为 2.16。

（2）负数修约　先将该数的绝对值按上述进舍规则的规定进行修约，然后在修约值前面加上负号。

（3）不允许连续修约　拟修约数字应在确定修约间隔或指定修约数位后一次修约获得

结果，不得多次按数值修约规则连续修约。例如，修约 15.4546，修约间隔为 1，正确的做法是 15.4546→15；不正确的做法是 15.4546→15.455→15.46→15.5→16。

（4）0.5 单位修约和 0.2 单位修约　当对数值进行修约时，若有必要，也可采用 0.5 单位修约或 0.2 单位修约。

1）0.5 单位修约是指按指定修约间隔对拟修约的数值 0.5 单位进行的修约。

0.5 单位修约的具体方法：将拟修约数值 X 乘以 2，按指定修约间隔对 $2X$ 依照数值修约规则的进舍规则修约，所得数值（$2X$ 修约值）再除以 2。

例如，将下列数字修约到"个"数位的 0.5 单位修约见表 8-1。

表 8-1　0.5 单位修约

拟修约数值 X	$2X$	$2X$ 修约值	X 修约值
60.25	120.50	120	60
60.38	120.76	121	60.5
-60.75	-121.50	-122	-61.0

2）0.2 单位修约是指按指定修约间隔对拟修的数值 0.2 单位进行的修约。

0.2 单位修约的具体方法：将拟修约数值 X 乘以 5，按指定修约间隔对 $5X$ 依照数值修规则的进舍规则修约，所得数值（$5X$ 修约值）再除以 5。

例如，将下列数字修到"百"数位的 0.2 单位修约见表 8-2。

表 8-2　0.2 单位修约

拟修约数值 X	$5X$	$5X$ 修约值	X 修约值
830	4150	4200	840
842	4210	4200	840
-930	-4650	-4600	-920

8.3　有效数字计算

由于与误差传递有关，有效数字计算时，加减法和乘除法的运算规则不太相同。

1. 加减法

在加减法运算中，有效数字的保留以小数点后面有效数字位数最少的数据为标准。在加减法中，因为是各数值绝对误差的传递，所以结果的绝对误差必须与各数值中绝对误差最大的相当，即先按小数点后位数最少的数据保留其他各数值的位数，再进行加减计算，计算结果也使小数点后保留相同的位数。

例如，计算 50.1+1.4+0.5812 时，修约为 50.1+1.4+0.6=52.1，即先修约，计算位数相同且计算简捷。

再如，计算 12.43+5.765+132.812 时，修约为 12.43+5.76+132.81=151.00。

注意：用计算器计算结果显示为"151"，但不能直接记录，否则会影响以后修约；应在数值后面添两个“0”，使小数点后有2位有效数字。

2. 乘除法

在乘除法中，因为是各数值相对误差的传递，所以结果的相对误差必须与各数值中相对误差最大的相当，即先按有效数字最少的数值保留其他各数值，再进行乘除法运算，计算结果仍保留相同有效数字。在乘除法中，每个数值及它们的积或商的有效数字的保留，以每个数值中有效数字位数最少的为标准。

例如，计算 $0.0121\times25.64\times1.05728$ 时，修约为 $0.0121\times25.6\times1.06$，计算结果为0.3283456，结果仍保留为3位有效数字，记录为 $0.0121\times25.6\times1.06=0.328$。

再如，计算 $2.5046\times2.005\times1.52$ 时，修约为 $2.50\times2.00\times1.52$，用计算器计算结果显示为“7.6”，只有2位有效数字，但不能直接记录，否则会影响以后修约；应在数值后面添两个“0”，保留3位有效数字，即 $2.50\times2.00\times1.52=7.60$。

3. 常数运算

运算中若有π、e等常数，以及$\sqrt{2}$、1/2等系数，其有效数字可视为无限，不影响结果有效数字的确定。

4. 乘方、开方运算

乘方、开方后的结果的有效数字位数应与其底数的相同。

例如，$0.341^2=1.16\times10^{-2}$，$\sqrt{6.8}=2.6$。

5. 对数运算

对数的有效数字位数与其真数的相同。例如，$\ln6.84=1.92$。

从有效数字的运算可以看出，每一个中间数据对试验结果精度的影响程度是不一样的，其中精度低的数据影响相对较大。所以在试验过程中，应尽可能采用精度一致的仪器或仪表，一两个高精度的仪器或仪表无助于整个试验结果精度的提高。

6. 有效数字的运算规则

一般来讲，有效数字的运算过程中有很多规则，为了应用方便，基于实用的原则加以选择后，将其归纳整理为以下两类。

（1）有效数字一般性入手规则

1）可靠数字之间运算的结果为可靠数字。

2）可靠数字与存疑数字、存疑数字与存疑数字之间运算的结果为存疑数字。

3）测量数据一般只保留一位存疑数字。

4）运算结果的有效数字位数不由数学或物理常数来确定，数学与物理常数的有效数字位数可任意选取，一般选取的位数应比测量数据中位数最少者多取一位。例如，π可取3.14、3.142、3.1416等；在公式中，计算结果不能由于“2”的存在而只取一位存疑数字，而要根据其他数据来决定。

5）运算结果将多余的存疑数字舍去时，应按照“四舍五入”的法则进行处理，即小于或等于4则舍；大于5则入；等于5时，根据其前一位按奇入偶舍处理（等概率原则）。例如，3.625修约为3.62，4.235则修约为4.24。

（2）有效数字具体深层规则

1）有效数字相加（减）结果的末位数字所在的位置应按各量中存疑数字所在数位最少的一个为准来决定。例如，30.4+4.325=34.725，26.65-3.905=22.745，分别取30.4+4.325=34.7，26.65-3.905=22.75。

2）乘（除）运算后的有效数字位数与参与运算的数字中有效数字位数最少的相同。由此规则可推知，乘方、开方后的有效数字位数与被乘方和被开方之数的有效数字的位数相同。

3）指数、对数、三角函数运算结果的有效数字位数由其改变量对应的数位决定。例如，计算中存疑数字为0.08，那么将末位数改变1后比较，找出发生改变的位置就能得知。

4）有效数字位数要结合不确定度位数综合考虑。一般情况下，表示最后结果的不确定度的数值只保留一位，而最后结果的有效数字的最后一位与不确定度所在的位置对齐。如果试验测量中读取的数字没有存疑数字，不确定度通常需要保留2位。

注意：具体规则有一定的适用范围，在通常情况下，由于近似的原因，如不严格要求可认为是正确的。

8.4 误差、偏差、精密度及准确度

试验结果可以通过数字、符号、图片或文字进行记录，然而，应用最广泛的是以数字形式进行记录，特别是在定量分析过程中。为了对研究过程中取得的原始数据可靠性进行客观评价，需要对数据进行误差分析。由于试验过程中仪器精度的限制、试验方法的不完善、科研人员对试验现象的认识不足、分析操作人员等多方面的原因，使得试验所获得的结果与真实值（理论值）不会完全一致，这就是试验误差导致的。误差和准确度是两个相反的概念。误差存在于所有的科学试验中，误差可以减少，但不能完全消除。

1. 误差

误差是测量结果与被测定对象的真实值之差。想要知道误差的大小，必须知道真实的结果，这个真实的值称为“真值”。误差可表示为

$$E=x-\mu$$

式中 E——误差；

x——测量值；

μ——真值。

（1）真值　真值是指在某一时刻和某一状态下，某量的客观值或实际值。真值一般是未知的，但从相对的意义上来说，真值又是已知的。从理论上说，样品中某一组分的含量必然有一个客观存在的真实值，用μ表示。但实际上，对于客观存在的真值，人们不可能精确地获取，只能随着测量技术的不断进步而逐渐接近真值。实际工作中，往往用“标准值”代替“真值”。通常可能知道的真值有三类，即理论真值、约定真值及相对真值。理论真值诸如平面三角形三内角之和恒为180°、一个圆的圆心角为360°等。约定真值是指由国际计量大会定义的国际单位制，包括基本单位、辅助单位和导出单位，如原子量和标准数等物理常数。相对真值诸如一些标准试样中有关成分的含量，以及由有经验的专业技术人员采用公

认方法经多次测定得出的某组分含量的结果等。

（2）绝对误差 绝对误差是指测量值与真值之差，即

$$绝对误差=测量值-真值$$

可见，绝对误差反映了测量值偏离真值的大小，可正可负。通常所说的误差一般是指绝对误差。例如，某低合金钢中碳的质量分数测量值为0.256%，已知真实含量为0.261%，则绝对误差=0.256%-0.261%=-0.05%。

（3）相对误差 绝对误差虽然在一定条件下能反映测量值的准确度，但还不全面。例如，对于铜的质量分数为62%的黄铜试样而言，0.05%的绝对测量误差是可以允许的。但对于铜的质量分数为0.1%的铝合金试样来说，0.05%的绝对测量误差就不能允许了。因此，为了判断试验值的准确性，还必须考虑测量值本身的大小，故引出了相对误差。

相对误差又称误差率，是指绝对误差与真值之比（常以百分数或千分数表示），有时也表示为绝对误差与测量平均值之比，这表示两组不同准确度的表示方法，所以采用相对误差更能精确表示出测量值的准确度，即

$$相对误差=\frac{绝对误差}{真值}$$

（4）误差的分类 误差根据其性质和产生的原因不同，误差可以分为系统误差、偶然误差和过失误差三类。

1）系统误差，又称为可测定误差或恒定误差，是指在一定的试验条件下，由某因素按某恒定变化规律造成的测定结果系统偏高或偏低的现象。当该因素的影响消失时，系统误差会自动消失。系统误差反映测定值的总体均值与真值的接近程度，具有重现性，是一个客观上的恒定值，不能通过增加试验测定次数发现，也不能通过多次测定取平均值来减小。系统误差有正误差和负误差两种，其正负大小是可以测定的，至少在理论上是可以准确测定的。系统误差最显著的特点就是“单向性”。系统误差的产生是多方面因素造成的，可以是方法、仪器、试剂、恒定的操作人员和恒定的环境等原因。

① 方法误差这类系统误差的产生是由于试验方法本身所造成的，例如，在质量分析过程中，由于沉淀的溶解、共沉淀现象、灼烧时沉淀的分解或挥发等原因使结果出现系统偏高或偏低；在滴定分析过程中，由于干扰离子的影响、反应不完全、化学计量点和滴定终点不一致，以及滴定过程的副反应等也会使系统性的测定结果偏高或偏低。

② 仪器误差这类系统误差的产生是由于仪器精密度不够造成的，如砝码质量、容器刻度、仪表刻度不准等。

③ 试剂误差这类系统误差的产生主要是由于试剂纯度未能达到预定要求造成的。例如，试剂或蒸馏水（或溶剂）中含有被测定组分或干扰测定的组分，使分析结果系统偏高或偏低。

④ 操作误差又称主观误差，是由于分析人员本身的一些主观原因影响操作而产生的系统误差。以分析人员对终点颜色的判断为例，有些人偏深，有些人偏浅；在刻度读取时，有些人偏大，有些人偏小；此外，某些分析人员在测定过程中读取第二个测定值时，会主观上使两次测定结果尽量相符合，这些均可以称为主观误差。

2）偶然误差，又称为随机误差或不可测定误差，是由于测定过程中一些随机的、偶然的因素协同造成的。例如，分析测定时环境温度的变化、相对湿度或环境气压的微小变化，以及分析人员对各试样处理的微小变化等均可能导致偶然误差的产生。偶然误差的产生具有“不确定性”，在分析操作中是无法避免的，而且通常很难找出确切的原因，似乎没有任何规律可循。而事实上，当样本容量比较大时，随机误差一般是符合正态分布的，即绝对值小的误差比绝对值大的误差出现概率大，而且绝对值相等的正负误差出现的概率是均等的。因此，通过增加试验次数可以减少随机误差。

3）过失误差，又称粗大误差，是一类显然与事实不符的误差，无规律可循，是由于测定过程中犯了不应该犯的错误造成的，如读错数据、数据记录错误、操作失误及加错试剂等。一经发现有过失误差，必须及时改进，对出现的离群数据要及时进行剔除。在分析测定过程中，如果发现有大的误差数据出现，应及时分析其产生原因，若确实是过失误差造成的，则应该将该数据舍去或重新获得试验数据。通常只要工作细心、态度认真，这一类误差是完全可以避免的。科学研究中绝对不允许有过失误差的存在，正确的试验结果是基于剔除离群值的前提下获得的。

在误差分析的过程中要特别注意以下情况：

① 试验数据的误差分析只进行系统误差和偶然误差的分析，过失误差不包括在内。

② 数据精密度是基于消除系统误差且偶然误差比较小的条件下得到的。精密度高的试验结果可能是正确的，也可能是错误的（当系统误差超出允许的限度时）。

2. 准确度与误差

准确度是系统误差和偶然误差（随机误差）的综合结果，反映测量值与真值之间的一致程度。从误差的角度来看，准确度是测量结果的各类误差的综合体现，说明测量的可靠性，用绝对误差或相对误差来量度，如果系统误差已修正，那么准确度则由不确定度来表示。

实际上，当用误差的大小来量度不准确度时，误差值越大，说明测定越不准确，即准确度低；反之，误差值越小，就意味着测定越准确，或者说，测定的准确度高。

绝对误差和相对误差都有正值和负值，正值表示测定值比真实值偏高，负值表示测定值比真实值偏低。

3. 精密度与偏差

精密度反映了随机误差大小的程度，是指在一定的试验条件下，多次试验值的彼此符合程度或一致程度，用偏差来表示。偏差又称为表观误差，是指个别测定值与测定的平均值之差，用来衡量测定结果的精密度高低，偏差有正有负。偏差也可分为绝对偏差和相对偏差，可表示为

$$绝对偏差=个别测定值-测定平均值$$

$$相对偏差=\frac{绝对偏差}{测定平均值}\times 100\%$$

实际上是用偏差大小来衡量不精密程度，偏差越大，即越不精密，说明分析测定值彼此间不接近，或者说精密度越低；偏差越小，即越精密，分析测定值彼此间越接近，或者说精

密度越高。

精密度的概念与重复试验时单次试验值的变动性有关，如果试验数据分散程度较小，则说明是精密的。例如，甲、乙两人对同一个量进行测量，得到算术平均值相等的两组试验值：

甲的数据为11.45、11.46、11.45、11.44，乙的数据为11.45、11.48、11.50、11.37。

很显然，甲组数据的彼此符合程度优于乙组，故甲组数据的精密度较高。

试验数据的精密度是建立在数据用途基础之上的，对某种用途可能被认为是很精密的数据，但对另一用途可能显得不精密。

由于精密度反映了随机误差的大小，因此，对于无系统误差的试验，可以通过增加试验次数而达到提高数据精密度的目的，如果试验过程足够精密，则只需少量几次试验就能满足要求。

试验值精密度高低的判断可用下述参数来描述。

(1) 极差（R）　极差是指一组试验值中最大值 $x_{\max}$ 与最小值 $x_{\min}$ 的差值，即

$$R = x_{\max} - x_{\min}$$

由于误差的不可控性，因此只由两个数据来判断一组数据的精密度是欠妥的，但由于极差计算方便，在快速检验中仍然得到广泛的应用。

(2) 标准偏差（SD）　标准偏差又称为标准差，当试验次数 n 无穷大时，称为总体标准差（σ），其定义为

$$\sigma = \lim_{n\to\infty}\sqrt{\frac{\sum_{i=1}^{n}(x_i - \bar{x})^2}{n}} = \lim_{n\to\infty}\sqrt{\frac{\sum_{i=1}^{n}d_i^2}{n}}$$

但在实际的科学试验中，试验次数一般为有限次，于是又有样本标准差（s），其定义为

$$s = \sqrt{\frac{\sum_{i=1}^{n}(x_i - \bar{x})^2}{n-1}} = \sqrt{\frac{\sum_{i=1}^{n}d_i^2}{n-1}}$$

标准差不但与一组试验值中每一个数据有关，而且对其中较大或较小的误差敏感性很强，能明显地反映较大的个别误差，由以上定义可以看出，标准差的数值大小反映了试验数据的分散程度，标准差越小，则数据的分散性越低，精密度越高，随机误差越小，试验数据的正态分布曲线也越尖。

(3) 方差　方差即为标准差的平方，当试验次数无穷大时，称为总体方差，可用 σ^2 来表示；当试验次数为有限次，称为样本方差，用 s^2 表示。显然，方差也反映了数据偏离平均数的大小，方差越小，则表示这批数据的波动性或分散性越小，即随机误差越小。Excel中的内置函数“VAR.S”可用于计算样本方差 s^2，函数“VAR.P”可用于计算总体方差 σ^2。

(4) 相对标准偏差（RSD）　相对标准偏差也称为变异系数（CV），其计算公式就是样本标准差与算术平均值的比值，即

$$\mathrm{RSD}(\text{或 CV}) = \frac{s}{\bar{x}} \times 100\% = \frac{\sqrt{\frac{\sum_{i=1}^{n}(x_i - \bar{x})^2}{n-1}}}{\bar{x}} \times 100\%$$

标准差能很客观地反映数据的分散程度，但是当需要比较两个或多个数据资料的分散性或精密程度，并且这些数据属于不同的总体（量纲可能不同）或属于同一总体中的不同样本（平均值不同）时，直接使用标准差进行比较并不合适，由于 RSD（或 CV）可以消除量纲或算术平均值不同的影响，所以可应用于两个或多个数据资料分散程度、变异程度或精密程度的比较。

注意：RSD（或 CV）的大小，同时受算术平均值和标准差两个统计量的影响，因而在利用该统计量表示数据资料的精密性或变异程度时，最好将算术平均值和标准差也列出。

4. 精密度、准确度与正确度的关系

误差的大小可以反映试验结果的好坏，但这个误差可能是由于随机误差或系统误差单独造成的，也可能是两者的叠加。为了说明这一问题，引出了精密度、准确度和正确度这三个表示误差性质的术语。正确度是指大量测量结果的（算术）平均值与真值或接受参照值之间的一致程度，它反映了系统误差的大小，是指在一定试验条件下，所有系统误差的综合。由于随机误差和系统误差是两种不同性质的误差，因此对于某一组试验数据而言，精密度高并不意味着正确度高；反之，当精密度低，但试验次数相当多时，有时也会得到较高的正确度。

精密度、准确度与正确度的关系如下。

1）准确度既包含“正确度”又包含“精密度”。系统误差影响分析结果的正确度；偶然误差影响分析结果的精密度。正确度表示测试结果的算术平均值与真值或接受参照值之间的一致程度；精密度表示测定测试结果的重复性；准确度则表示测试结果的正确性。三者之间既有区别又有联系。

2）精密度是保证准确度的先决条件，只有在精密度比较高的前提下，才能保证分析结果的可靠性。因此，在分析中必须用一份组成相近的标准样品同时操作，以获得或接近标准结果，以此来说明分析结果的准确度。若精密度很差，说明所测结果不可靠，当然其准确度也不高，虽然由于测定次数多可能使正负偏差相互抵消，正确度可能较高，但已失去衡量准确度的前提。因此，在评价分析结果时，还必须将系统误差和偶然误差的影响结合起来考虑，从而得到精密度好、正确度也好的分析结果，即准确度高的分析结果。

5. 平均值的置信界限

根据统计学的原理，多次测定的平均值比单次测定值可靠，测定次数越多，其平均值越可靠。但实际上，增加测定次数所取得的效果是有限的。

在本节前面的讨论中，测量的精密度可用标准偏差来度量。但标准偏差本身也是一个随机变量，所以标准偏差也存在精密度问题。通常用平均值的标准偏差来表示，即

$$\delta_{\bar{x}} = \pm\frac{s}{\sqrt{n}}$$

式中　$\delta_{\bar{x}}$——平均值的标准偏差；

s——标准偏差；

n——测量次数。

在实际工作中，当测定次数在 20 次以内时，用标准偏差作为 δ 的估计值，这样平均值的标准偏差可改写为

$$s_{\bar{x}} = \pm\frac{s}{\sqrt{n}}$$

式中　$s_{\bar{x}}$——平均值的标准偏差。

上式表明，平均值的标准偏差按测定次数的平方根成比例减小，增加次数可以提高测定的精密度，但当 $n>5$ 以后，这种提高变化缓慢，即提高不多。因此，在日常分析工作中重复测定 3~4 次即可。

在完成一项测定工作以后，通常总是把测定数据的平均值作为结果发出报告，但平均值不是真值，它的可靠性是相对的，仅仅报告一个平均值还不能说明测定可靠性。一个分析报告应当包括测定的平均值，平均值的误差范围及测得数据有多少把握能落在此范围内，这种所谓的“把握”称为置信水平。在分析化学中，通常按 $P=95\%$ 的置信水平来要求。在此置信水平下，分析数据可以落到平均值附近的界限称为置信界限。为了解决有限次测定的置信界限，W. S. 科塞（W. S. Cosset）提出了一个新的量，即所谓 t 值，其含义可理解为平均值的误差，以平均值的标准偏差为单位来表示的数值即

$$\pm t = (\bar{x}-\mu)\frac{\sqrt{n}}{s}$$

式中　$\bar{x}$——测量数据的平均值；

μ——真值；

s——标准偏差；

n——测量次数。

由此，可以求得真值为

$$\mu = \bar{x} \pm \frac{ts}{\sqrt{n}}$$

第9章

车辆涂料中有害物成分检测

涂料的环保性能已经越来越受到企业和消费者的高度关注，我国政府陆续颁布了相关的规范，对各种涂料上的有害物质进行了限制，因此涂料生产企业应对其产品进行改进，向低污染化的环保性涂料方向发展。针对轨道交通车辆使用的涂料，也提出了相应的要求，车辆涂料中限制的有害物质主要有：挥发性有机化合物（volatile organic compound，VOC）、苯系物（笨、甲苯、乙苯和二甲苯）、重金属（铅、镉、汞、六价铬）等。一般来说，品牌涂料中这些物质的含量都比较低，环保性能比较好。

9.1 车辆涂料中有害物质限量及其测定方法简介

涂料中常见环保性能的检测标准很多，轨道交通车辆行业采用的标准为 GB 24409—2020《车辆涂料中有害物质限量》。该标准规定了各类车辆涂料中对人体和环境有害的物质容许限量所涉及的产品分类、要求、测试方法、检验规则、包装标准、标准的实施。

GB 24409—2020 适用于除腻子以外的各类汽车原厂涂料、汽车修补用涂料、轨道交通车辆涂料、摩托车（含电动摩托车）涂料、自行车（含电动自行车）涂料、其他车辆（专项作业车、低速汽车、挂车等）涂料、车辆用零部件涂料。

1. 轨道交通车辆涂料中有害物质限量

轨道交通车辆涂料中有害物质限量见表 9-1、表 9-2。

表 9-1 VOC 含量的限量值（轨道交通车辆涂料）

涂料类型	产品类别	产品类型	限量值/(g/L)
水性漆涂料	轨道交通车辆涂料［动车组、客车（铁道车辆）、城市轨道交通车辆］	底漆	≤250
		中涂	≤300
		底色漆	≤420
		本色面漆	≤420
		清漆	≤420
	轨道交通车辆涂料（货车）	底漆	≤250
		面漆	≤420

（续）

涂料类型	产品类别	产品类型	限量值/(g/L)
溶剂型涂料	轨道交通车辆涂料［动车组、客车（铁道车辆）、城市轨道交通车辆］	底漆	≤540
		中涂	≤540
		底色漆	≤770
		本色面漆	≤550
		清漆	≤560
	轨道交通车辆涂料（货车）	底漆	≤540
		面漆	≤550

表 9-2　其他有害物质含量的限量值（轨道交通车辆涂料）

<table>
<tr><th colspan="2">项目</th><th>水性漆涂料</th><th>溶剂型涂料</th></tr>
<tr><td colspan="2">苯含量（质量分数，%）</td><td>—</td><td>≤0.3</td></tr>
<tr><td colspan="2">甲苯与二甲苯（含乙苯）总和含量（质量分数，%）</td><td>—</td><td>≤30</td></tr>
<tr><td colspan="2">苯系物总和含量［限苯、甲苯、二甲苯（含乙苯）］（质量分数，%）</td><td>≤1</td><td>—</td></tr>
<tr><td rowspan="4">重金属含量（限色漆）/（质量分数，10^{-4}%）</td><td>铅（Pb）</td><td colspan="2">≤1000</td></tr>
<tr><td>镉（Cd）</td><td colspan="2">≤100</td></tr>
<tr><td>六价铬（Cr^{6+}）</td><td colspan="2">≤1000</td></tr>
<tr><td>汞（Hg）</td><td colspan="2">≤1000</td></tr>
</table>

2. 轨道交通车辆涂料中有害物质测定方法

（1）取样　按 GB/T 3186—2006《色漆、清漆和色漆与清漆用原材料　取样》的规定取样，也可按商定方法取样。取样量根据检验需要确定。

（2）测定方法

1）VOC 含量：水性涂料中 VOC 含量的测定采用气相色谱法和差值法，溶剂型涂料中 VOC 含量的测定采用差值法。

① 水性涂料中 VOC 含量测定具体方法如下。

按 GB 24409—2020 附录 A 的方法测试水性涂料中的水分含量。

若涂料中水分含量≥70%（质量分数），按 GB/T 23986.2—2023《色漆和清漆　挥发性有机化合物（VOC）和/或半挥发性有机化合物（SVOC）含量的测定气　第 2 部分：气相色谱法》的规定进行，称取试样约 1g，色谱柱采用中等极性色谱柱，标记物为己二酸二乙酯。VOC 含量按 GB/T 23986.2—2023 中 11.4 的规定计算。

若涂料中水分含量<70%（质量分数），按 GB/T 23985—2009《色漆和清漆　挥发性有机化合物（VOC）含量的测定　差值法》的规定进行。不挥发物含量按 GB/T 1725—2007《色漆、清漆和塑料　不挥发物含量的测定》的规定进行，称取试样约 1g，烘烤条件为 (105±2)℃/1h。VOC 含量按 GB/T 23985—2009 中 8.4 的规定计算。

② 溶剂型涂料中 VOC 含量测定具体方法如下。

按 GB/T 23985—2009 的规定进行。不挥发物含量按 GB/T 1725—2007 的规定进行，称取试样约1g，烘烤条件为（105±2）℃/1h，不测水分，水分含量设为零。VOC含量按GB/T 23985—2009中8.3的规定计算。

2）苯含量、甲苯和二甲苯（含乙苯）总和含量：按GB/T 23990—2009《涂料中苯、甲苯、乙苯和二甲苯含量的测定　气相色谱法》中A法的规定计算。苯含量、甲苯和二甲苯（含乙苯）含量，按GB/T 23990—2009中8.4.3的规定计算。

3）苯系物总和含量：按GB/T 23990—2009中B法的规定计算。苯系物含量，按GB/T 23990—2009中9.4.3的规定计算，并换算成质量分数（%）表示。

4）重金属含量：铅（Pb）含量、镉（Cd）含量、汞（Hg）含量，按GB/T 30647—2014《涂料中有害元素总含量的测定》的规定进行测定。

六价铬（Cr^{6+}）含量，先按GB/T 30647—2014中的规定测定试样中的总铬含量，再按GB/T 24409—2020中附录B的规定测定六价铬（Cr^{6+}）含量。

9.2　车辆涂料中VOC检测

目前，国际范围内涂料产品VOC的定义是指涂料产品在与之接触的大气处于正常温度和压力时能自行蒸发的任何有机液体或固体，通常指涂料产品中在常温和常压下沸点不大于250℃的任何有机化合物。

VOC的主要成分有烃类、卤代烃、氧烃和氮烃，它包括苯系物、有机氯化物、氟利昂系列、有机酮、胺、醇、醚、酯、酸和石油烃化合物等。通常所说的涂料中VOC含量就是指在规定的条件下，所测得涂料中存在的挥发性有机化合物含量。

对于VOC的检验方法，GB 24409—2020规定采用GB/T 23986.2—2023、GB/T 23985—2009和GB/T 1725—2007等标准中规定的方法测定。

9.2.1　水分含量测定

水分含量的测定是水性涂料VOC检测方法的前提，如涂料中水分含量≥70%（质量分数），按GB/T 23986.2—2023中的方法检测；如涂料中水分含量<70%（质量分数），按GB/T 23985—2009中的方法检测。

对于水分含量的测定，我国的国家标准有GB/T 6283—2008《化工产品中水分含量的测定　卡尔·费休法（通用方法）》等，但GB 24409—2020《车辆涂料中有害物质限量》中规定采用该标准中附录A的方法检测。本小节介绍水分含量测定的方法是GB 24409—2020中附录A的方法。

1. 相关标准

1）GB/T 24409—2020《车辆涂料中有害物质限量》。

2）GB/T 6682—2008《分析实验室用水规格和试验方法》。

2. 检测设备

（1）气相色谱仪　配有热导检测器及程序升温控制器。

（2）配样瓶　约10mL的玻璃瓶，具有可密封的瓶盖。

（3）进样器　微量注射器，容积为10μL。

（4）天平　分度值为0.1mg。

3. 试剂及材料

（1）蒸馏水　符合GB/T 6682—2008中三级水的要求。

（2）稀释溶剂　用于稀释试样的并经分子筛干燥的有机溶剂，不含有任何干扰测试的物质，纯度≥99%，或已知纯度，例如，二甲基甲酰胺。

（3）内标物　试样中不存在的并经分子筛干燥的化合物，且该化合物能够与色谱图上其他成分完全分离，纯度≥99%，或已知纯度，例如，异丙醇。

（4）分子筛　孔径为0.2~0.3nm，粒径为1.7~5.0mm。分子筛应再生后使用。

（5）载气　氢气或氦气，纯度≥99.995%。

4. 检测步骤

（1）测试水的相对响应因子R　在同一配样瓶（约10mL的玻璃瓶，具有可密封的瓶盖）中称取约0.2g的蒸馏水和约0.2g的内标物（纯度为99%以上，如异丙醇），精确至0.1mg，记录水的质量m_w和内标物的质量m_i，再加入5mL稀释溶剂（纯度为99%以上，如二甲基甲酰胺），密封配样瓶并摇匀。用微量注射器吸取配样瓶中的1μL混合液注入色谱仪中，记录色谱图。按以下公式计算水的相对响应因子。

$$R=\frac{m_i A_w}{m_w A_i}$$

式中　R——水的相对响应因子；

m_i——内标物的质量（g）；

A_w——水的峰面积；

m_w——水的质量（g）；

A_i——内标物的峰面积。

（2）样品分析　称取搅拌均匀后的试样约0.6g，以及与水含量近似相等的内标物配于样瓶中，精确至0.1mg，记录试样的质量m_s和内标物的质量m_i，再加入5mL稀释溶剂（稀释溶剂体积可根据样品状态调整），密封配样瓶并摇匀。同时准备一个不加试样的内标物和稀释剂混合液作为空白样。用力摇动或超声振荡装有试样的配样瓶15min，放置5min，使其沉淀（为使试样尽快沉淀，可在装有试样的配样瓶内加入几粒小玻璃珠，然后用力摇动；也可以使用低速离心机使其沉淀）。用微量注射器吸取配样瓶中的1μL上层清液，注入色谱仪中，记录色谱图。

5. 检测结果及评定

（1）样品结果计算　按以下公式计算样品中水分含量。

$$w_w=\frac{m_i(A_w-A_0)}{m_s A_i R}\times100\%$$

式中　w_w——试样中的水分含量（质量分数，%）；

m_i——内标物的质量（g）；

A_w——水的峰面积；

A_0——空白样中水的峰面积；

m_s——试样的质量（g）；

A_i——内标物的峰面积；

R——水的相对响应因子。

（2）样品结果评定

1）重复性限：水分含量≥15%（质量分数），同一操作者两次测试结果的相对偏差<1.6%。

2）再现性限：水分含量≥15%（质量分数），不同实验室间测试结果的相对偏差<5%。

9.2.2 气相色谱法

GB/T 23986.2—2023《色漆和清漆　挥发性有机化合物（VOC）和/或半挥发性有机化合物（SVOC）含量的测定　第2部分：气相色谱法》规定了一种测定色漆、清漆及其原材料中VOC含量的方法，主要适用于预期VOC含量大于0.1%（质量分数）、小于15%（质量分数）的样品。GB 24409—2020中规定水性涂料中水分含量≥70%（质量分数）。

1. 相关标准

1）GB/T 3186—2000《色漆、清漆和色漆与清漆用原材料　取样》。

2）GB/T 20777—2006《色漆和清漆　试样的检查和制备》。

2. 检测设备

检测设备采用气相色谱仪。

3. 检测原理

准备好样品后，采用气相色谱技术分离VOC。根据样品的类型选择热进样或冷柱样方式，优先选用热进样方式。化合物经定性鉴定后，用内标法以峰面积值来定量。然后进行计算并得出样品的VOC含量。用这种方法也可以测定水分含量，这取决于所用的仪器。

4. 检测步骤

（1）样品制备　称取样品约1g（精确至0.1mg），以及与待测化合物相近质量的内标物到同一样品瓶中，用适量的稀释剂稀释样品，密封样品瓶并摇匀（带颜色的或其他复杂的样品应进行离心净化）。

（2）样品定量测定

1）按校准时的优化条件设定仪器参数（具体操作按GB/T 23986.2—2023）。

2）通过单独的色谱分析，测定标记物的保留时间，该保留时间可确定色谱图中VOC测定的积分终点，应选择按沸点给出洗提时间的色谱柱。

3）将0.1~1μL的试验样品注入气相色谱仪中，并记录色谱图。测定每种化合物的峰面积，或者VOC化合物（沸点250℃以下），测定保留时间低于标记物的所有化合物的峰面积，然后按以下公式计算1g样品中所含的每种化合物的质量。

$$m_i=\frac{r_iA_im_{is}}{m_sA_{is}}$$

式中　m_i——1g试样样品中的化合物i的质量（g）；

r_i——化合物i的相对校正因子；

A_i——化合物 i 的峰面积；

A_{is}——内标物的峰面积；

m_{is}——试验样品中内标物的质量（g）；

m_s——试验样品的质量（g）。

5. 检测结果及评定

（1）样品结果　样品平行检测。

1）VOC 含量计算公式如下。

$$\rho(\mathrm{VOC})_{\mathrm{lw}} = 1000\rho_s\left(\frac{\sum_{i=1}^{i=n} m_i}{1-\frac{\rho_s m_w}{\rho_w}}\right)$$

式中　$\rho(\mathrm{VOC})_{\mathrm{lw}}$——“待测”样品扣除 VOC 含量（g/L）；

m_i——1g 试验样品中的化合物 i 的质量（g）；

m_w——1g 试验样品中的化合物水的质量（g）；

ρ_s——试验样品在 23℃时的密度（g/mL）；

ρ_w——水在 23℃时的密度（g/mL），取 0.997537g/mL。

2）样品结果的表示：计算两个有效结果（平行测定）的平均值。对于质量分数>1%的数值，精确至 0.1%；对于质量分数≤1%的数值，精确至 0.01%。

（2）样品结果评定

1）重复性限：由同一操作者在同一实验室用标准化的试验方法，对同一材料在短时间间隔内得到的两个单一试验结果（每个结果均为平行测定的平均值）之间的绝对差值低于该值，则结果值可信赖。

用本小节的试验方法进行五次重复测定的重复性，介于 1%~8%。

2）再现性限：由不同操作者在不同实验室用标准化的试验方法，对同一材料得到的两个试验结果（每个结果均为平行测定的平均值）之间的绝对差值低于该值，则结果值可信赖。

用本小节的试验方法的再现性，介于 2%~11%。

9.2.3　差值法

GB/T 23985—2009《色漆和清漆　挥发性有机化合物（VOC）含量的测定　差值法》中规定了色漆、清漆及其原材料中 VOC 含量的测定方法，主要适用于预期 VOC 含量>15%（质量分数）的样品，水性漆涂料中水分含量<70%（质量分数）。

1. 相关标准

1）GB/T 3186—2000《色漆、清漆和色漆与清漆用原材料　取样》。

2）GB/T 20777—2006《色漆和清漆　试样的检查和制备》。

3）GB/T 1725—2007《色漆、清漆和塑料　挥发物含量的测定》。

4）GB/T 6283—2008《化工产品中水分含量的测定　卡尔·费休法（通用方法）》。

5）GB/T 9278—2008《涂料试样状态调节和试验的温湿度》。

2. 检测设备

检测设备主要包括烘箱（装用通风装置）、天平（精度在0.001g以上）、气相色谱仪。

3. 检测原理

准备好样品后，先按GB/T 1725—2007测定不挥发物的含量，然后再按GB/T 6283—2008中的卡尔·费休试剂滴定法测定水分含量，然后计算出样品中的VOC含量。

4. 检测步骤

（1）样品制备　除非另有商定，样品调节在温度为（23±2）℃和相对湿度为（50±5）%的条件下（见GB/T 9278—2008），所有试验须进行两份平行测定。

（2）样品定量测定

1）不挥发物含量测定：

① 对于单组分产品，按GB/T 1725—2007规定，称取适量的样品（见GB/T 1725—2007中表1）置于盘中，测试方法按GB/T 1725—2007规定进行。

② 对于多组分体系，根据生产厂商的说明，彻底混合各组分，然后立即按GB/T 1725—2007的规定，称取适量的样品（见GB/T 1725—2007中表1）置于盘中，允许盘中试验样品在温度为（23±2）℃和环境大气压下放置1h，测试方法按GB/T 1725—2007的规定进行。

③ 如试验样品在加热过程中发生任何异常分解或降解，经有关方商定后，可采用不同于GB/T 1725—2007中规定的加热时间和/或温度。

2）水分含量测定：按GB 24409—2020附录A（即9.1.1小节水分含量的测定）的规定进行测定。

5. 检测结果及评定

（1）样品结果

1）VOC计算公式如下：

$$\rho(\mathrm{VOC}) = 10\rho_s[100 - w(\mathrm{NV}) - w_w]$$

式中　$\rho(\mathrm{VOC})$——“待测”样品的VOC含量（g/L）；

$w(\mathrm{NV})$——不挥发物含量（质量分数，%）；

w_w——水分含量(质量分数，%)；

ρ_s——试验样品在23℃时的密度（g/mL）。

$$\rho(\mathrm{VOC})_{lw} = 1000\rho_s\left[\frac{100 - w(\mathrm{NV}) - w_w}{100 - \dfrac{\rho_s w_w}{\rho_w}}\right]$$

式中　$\rho(\mathrm{VOC})_{lw}$——“待测”样品扣除水后的VOC含量（g/L）；

$w(\mathrm{NV})$——不挥发物含量（质量分数，%）；

w_w——水分含量（质量分数，%）；

ρ_s——试验样品在23℃时的密度（g/mL）

ρ_w——水在23℃时的密度（g/mL），23℃时，$\rho_w = 0.997537$g/mL。

2）样品结果的表示：计算两个有效结果（平行测定）的平均值，报告结果精确至1%。

（2）样品结果评定

1）重复性限：由同一操作者在同一实验室用标准化的试验方法，对同一材料在短时间间隔内得到的两个单一试验结果（每个结果均为平行测定的平均值）之间的绝对差值低于该值，则结果值可信赖。

用本小节的试验方法进行五次重复测定的重复性限为1%。

2）再现性限：由不同操作者在不同实验室用标准化的试验方法，对同一材料得到的两个试验结果（每个结果均为平行测定的平均值）之间的绝对差值低于该值，则结果值可信赖。

用本小节的试验方法的再现性限为2%。

9.3 车辆涂料中苯系物检测

苯系物，即芳香族有机化合物（monoaromatic hydrocarbons，MACH），为苯及衍生物的总称，是人类活动排放的常见污染物。完全意义上的苯系物绝对数量可高达千万种以上，但一般意义上的苯系物主要包括苯、甲苯、乙苯、二甲苯、三甲苯、苯乙烯、苯酚、苯胺、氯苯、硝基苯等，其中，由于苯（benzene）、甲苯（toluene）、乙苯（ethylbenzene）、二甲苯（xylene）四类为其中的代表性物质，苯系物也被称为BTEX。

对于苯系物的检验方法，GB 24409—2020规定采用GB/T 23990—2009《涂料中苯、甲苯、乙苯和二甲苯含量的测定　气相色谱法》。该标准中A法适用于溶剂型涂料中苯、甲苯、乙苯和二甲苯含量的测定，B法适用于水性涂料中苯、甲苯、乙苯和二甲苯含量的测定。

9.3.1 A法

1. 相关标准

GB/T 3186—2006《色漆、清漆和色漆与清漆用原材料　取样》。

2. 检测设备

检测设备为气相色谱仪。

3. 检测原理

试样经稀释后，直接注入气相色谱仪中，经气相色谱仪分离后被测化合物分离，用氢火焰离子化检测器检测，采用内标法定量。

4. 检测步骤

（1）样品制备　称取约2g的试样（精确至0.0001g）及与被测物质近似相同的内标物（如纯度为99%的正庚烷或正戊烷）放置于样品瓶中，用适量乙酸乙酯（纯度为99%）稀释试样，密封试样瓶并混匀。

（2）样品定量测定

1）按校准时的优化条件设定仪器参数。

2）将0.2μL的试样注入气相色谱仪中，记录被测物的峰面积，然后计算涂料中被测物的含量。

5. 检测结果及评定

（1）样品结果　样品结果计算公式为

$$w_i=\frac{m_{is}A_iR_i}{m_sA_{is}}\times 100$$

式中　w_i——试样中苯、甲苯、乙苯和二甲苯的含量（质量分数，%）；

m_{is}——测试试样中内标物的质量（g）；

A_i——被测化合物 i 的峰面积；

R_i——被测化合物 i 的相对校正因子；

m_s——测试试样的质量（g）；

A_{is}——内标物的峰面积。

（2）样品结果评定

1）重复性限：同一操作者两次测试结果的相对偏差小于5%。

2）再现性限：不同实验室间测试结果的相对偏差小于10%。

9.3.2　B 法

1. 相关标准

GB/T 3186—2006《色漆、清漆和色漆与清漆用原材料　取样》。

2. 检测设备

检测设备为气相色谱仪。

3. 检测原理

试样经稀释后，直接注入气相色谱仪中，经气相色谱仪分离后被测化合物分离，用氢火焰离子化检测器检测，采用内标法定量。

4. 检测步骤

（1）样品制备　称取约1g的试样（精确至0.0001g）及与被测物质近似相同的内标物（如纯度为99%的异丁醇）放置于样品瓶中，用适量乙酸乙酯（纯度为99%）稀释试样，密封试样瓶并混匀。

（2）样品定量测定

1）按校准时的优化条件设定仪器参数。

2）将1.0μL的试样注入气相色谱仪中，记录被测物的峰面积，然后计算涂料中被测物的含量。

5. 检测结果及评定

（1）样品结果　样品结果计算公式为

$$w_i=\frac{m_{is}A_iR_i}{m_sA_{is}}\times 10^6$$

式中　w_i——试样中苯、甲苯、乙苯和二甲苯的含量（质量分数，%）；

m_{is}——测试试样中内标物的质量（g）；

A_i——被测化合物 i 的峰面积；

R_i——被测化合物 i 的相对校正因子；

m_s——测试试样的质量（g）；

A_{is}——内标物的峰面积。

（2）样品结果评定

1）重复性限：同一操作者两次测试结果的相对偏差小于10%。

2）再现性限：不同实验室间测试结果的相对偏差小于20%

9.4　车辆涂料中重金属含量检测

涂料中的重金属主要来自着色颜料，如红丹、铅铬黄、铅白等。由于无机颜料通常是从天然矿物质中提炼并经过一系列化学物理反应制成的，因此难免夹带微量的重金属杂质，其中又以黄色、红色色粉含重金属的概率较高，而透明漆、白色漆一般不含重金属。此外，来自生产时加入的各种助剂，如催干剂、防污剂、消光剂和各种填料中所含的杂质也有可能含有微量重金属。

对于重金属的检验方法，GB 24409—2020 规定采用 GB/T 30647—2014《涂料中有害元素总含量的测定》。该标准适用于涂料中各种有害元素总含量的测定，包括但不限于列举的元素，如铅、镉、铬、砷元素等。

1. 相关标准

1）GB/T 6682—2008《分析实验室用水规格和试验方法》。

2）GB/T 602—2002《化学试剂　杂质测定用标准溶液的制备》。

2. 检测设备

（1）合适的分析仪　原子吸收光谱仪（AAS）、电感耦合等离子体发射光谱仪（ICP-OES）、电感耦合等离子体质谱仪（ICP-MAS）等。

（2）烘箱　温度可控，精度为±2℃。

（3）马弗炉　温度能控制在（475±25）℃。

（4）粉碎设备　粉碎机、剪刀或其他合适的粉碎设备。

（5）微波消解仪　可以密闭消解，具有温控装置。

（6）分析天平　精度为0.0001g。

（7）坩埚　容积为50mL。

（8）电热板　温度可控。

3. 检测原理

干燥后的涂膜，选用干灰化法、湿酸消解法或微波消解法等适宜的方法除去所用的有机物质，再经溶解、过滤、定容处理后，采用合适的分析仪（如AAS、ICP-OES、ICP-MAS等）测定处理后试验溶液中待测元素的含量。

4. 检测步骤

（1）涂膜制备　将待测样品搅拌均匀。按产品明示的配比（无须加入稀释剂）制备混合试样，搅拌均匀后，在玻璃板或聚四氟乙烯板上制备厚度适宜的涂膜。在产品说明书规定的干燥条件下，待涂膜完全干燥［自干漆若烘干，温度不得超过（60±2）℃］后，取下涂膜，在室温下用粉碎设备将其粉碎，使涂膜的尺寸小于5mm。

（2）试验溶液的制备　标准提供了下列三种试验溶液的制备方法，实验室可根据条件选用其中一种。

1）干灰化法：称取粉碎后的试样约2g（精确至0.0001g）并放入坩埚内。将坩埚置于通风橱内的电热板上，逐渐升高电热板的温度（不超过475℃）至样品被消解成一个焦块，且挥发的消解产物已被充分排出，只留下干的残渣。然后将坩埚放入（475±25）℃的马弗炉内，保温直至完全灰化。在灰化期间应供给足够的空气氧化，但不允许坩埚内的物质在任何阶段发生燃烧。待盛有灰化物的坩埚冷却至室温后，加入5mL硝酸，然后将坩埚内的溶液用滤膜过滤并转移至50mL容量瓶中，用水冲洗坩埚和滤膜，所得到的溶液全部收集于同一容量瓶内，然后用水稀释至刻度。同时做试剂空白试验。

2）湿酸消解法：称取粉碎后的试样0.5~1g（精确至0.0001g）置于50mL烧杯中，加入7mL硝酸，盖上表面皿，在电热板上加热使溶液保持微沸5~15min，继续加热直至产生白烟，但不能干烧。将烧杯从电热板上取下，冷却约5min，缓慢滴加1~2mL过氧化氢，再次放至电热板上加热。重复三次，至样品消解完全。每次加入后均须等反应平静后再加入。如果样品消解不完全，取下稍冷，再加入适量浓硝酸和过氧化氢1~2次，继续加热使样品消解完全，移至50mL容量瓶中。用水冲洗烧杯和滤膜，所得到的溶液全部收集于同一容量瓶内，然后用水稀释至刻度。同时做试剂空白试验。

3）微波消解法：称取粉碎后的试样0.1~0.2g（精确至0.0001g）置于微波消解罐中，分别加入6mL硝酸、1~2mL过氧化氢。待反应平稳，将消解罐封闭，放入微波消解仪内，设置合适的消解条件进行消解。消解结束后，将消解罐冷却至室温，打开消解罐，将消解溶液用滤膜过滤并转移至50mL容量瓶中。用水冲洗消解罐内壁和内盖，将洗涤液收集于同一容量瓶中，同时用水冲洗滤膜，所得到的溶液收集于同一容量瓶内，然后用水稀释至刻度。同时做试剂空白试验。

注意：采用消解样品时，也可根据样品的实际状况确定适宜的消解条件，确保试样中的有机化合物全部被除去，而待测元素全部溶出。如果处理后的样品有残渣，残渣应采用适当的测量手段［如X荧光光谱仪（XRF）］进行检测，确保无待测元素存在。否则，应改变消解条件使待测元素完全溶出。

测定易挥发有害元素（如汞、砷等）时，不能采用干灰化法和湿酸消解法，应选用微波消解法。

试验溶液应同时制备两份进行测试。

（3）测试　采用合适的分析仪器测定已制备溶液中待测元素的含量。使用任一种分析仪器进行测定时，分析者应按照仪器说明书或操作手册的规定调节仪器，对其进行操作。

1）标准工作溶液的配制：用硝酸溶液逐级稀释待测元素标准贮备液（浓度为1000mg/L），配制成可供仪器测试的系列标准工作溶液（可根据所使用的仪器及测试样品的情况确定标准工作溶液的浓度范围，使其浓度与样品溶液中的浓度相当）。

2）校准曲线的建立：调节仪器，将配制的标准工作溶液一次导入测试仪器，各类仪器会以各自的特征响应值与其对应浓度的关系建立校准曲线。校正曲线应至少包括 1 个空白样和 5 个标准工作溶液，其线性回归曲线的相关系数应不低于 0.995；否则，应重新制作新的校准曲线。

3）试验溶液中待测元素含量的测定：将已制备溶液导入测试仪器，各类仪器会根据校准曲线和试验溶液的特征响应值自动给出试验溶液中待测元素的浓度值。如果试验溶液中待测元素的浓度超出校准曲线的最高点，则应用硝酸溶液对试验溶液进行适当稀释后再测试。

5. 检测结果及评定

（1）检测结果　试样中待测元素的含量计算公式为

$$w=\frac{(\rho-\rho_0)VF}{m}$$

式中　w——试样中待测元素含量（mg/kg）；

ρ——试验溶液中待测元素浓度（mg/L）；

ρ_0——空白溶液中待测元素浓度（mg/L）；

V——试验溶液体积（mL）；

F——试验溶液的稀释倍数；

m——称取的试样质量（g）。

（2）结果评定

1）重复性限：同一操作者两次测试结果的相对偏差小于 10%。

2）再现性限：不同实验室间测试结果的相对偏差小于 20%。

9.5　车辆涂料中六价铬（Cr^{6+}）含量检测

1. 检测标准

GB 24409—2020《车辆涂料中有害物质限量》中的附录 B。

2. 检测设备

主要检测设备为分光光度计。

3. 检测原理

若试样中总铬含量<8mg/kg，则六价铬（Cr^{6+}）含量的结果以“未检出”报出，检出限为 8mg/kg。若试样中总铬含量≥8mg/kg，则试样（同时进行基体加标）在超声分散后，使用碱性消解液从试样中提取六价铬（Cr^{6+}）化合物。提取液中的六价铬（Cr^{6+}）在酸性溶液中与二苯碳酰二肼反应生成紫红色络合物，用分光光度计测定试验溶液中的六价铬（Cr^{6+}）含量（波长 540nm 处）；同时测定试样的不挥发物含量，最终结果以干膜中的六价铬（Cr^{6+}）含量报出。

4. 检测步骤

（1）样品制备　试样平行测试的称样量和基体加标回收率平行测试的称样量应近似相等。

1）称取试样约 0.1g（精确至 0.1mg）和移取 10mL 的 N-甲基吡咯烷酮（NMP）置于消

解器中，记录试样量 m，盖上塞子，然后放置于超声水浴锅中，在 60~65℃ 的温度下处理 1h。

2）同时进行基体加标回收率的测试，称取试样约 0.1g（精确至 0.1mg），移取 10mL 的 NMP 和 0.5mL 的六价铬（Cr^{6+}）标准贮备溶液置于消解器中，盖上塞子，然后放置于超声水浴锅中，在 60~65℃ 的温度下处理 1h。

3）在每个消解器中加入约 200mg 无水氯化镁和 0.5mL 缓冲液，摇匀。用量筒量取 20mL 消解液缓慢加入每个消解器内，摇匀。消解液应完全浸没试样。可加入 1~2 滴润湿剂（无水乙醇），以增加试样的润湿性。将消解器盖上塞子，置于超声水浴锅中，在 60~65℃ 的温度下处理 1h。

4）从超声水浴锅中取出消解器，逐渐冷却至室温。将消解器中的溶液（即使溶液浑浊或者存在絮状沉淀物，也不要过滤溶液）转移至干净的烧杯中，在搅拌状态下将硝酸（硝酸与水的体积比为 1∶1）滴加于烧杯中，用酸度计测试，调节溶液的 pH 至 7.5±0.5，得到提取液。提取液应尽快显色测定。

（2）样品定量测定

1）显色溶液的制备：在每个烧杯中的提取液中缓慢滴加硫酸溶液（硫酸与水的体积比为 1∶9），用酸度计测试，调节溶液的 pH 至 2.0±0.5，混合均匀。用移液管准确移入 2.0mL 二苯碳酰二肼显色剂，混合均匀。然后将其全部转移至 100mL 容量瓶中，用水稀释至刻度，得到试验溶液。试验溶液静置 5~10min 后，应在 30min 内完成测试。

2）标准工作溶液的配制：用移液管分别移取 0mL、2.0mL、4.0mL、6.0mL、8.0mL、10.0mL 和 20.0mL 六价铬（Cr^{6+}）标准溶液至 100mL 容量瓶中，用量筒分别加入 50mL 水，分别滴加硫酸溶液，用酸度计测试，调节溶液的 pH 至 2.0±0.5。用移液管分别移入 2.0mL 二苯碳酰二肼显色剂，分别用水稀释至刻度，混合均匀。静置 5~10min 后，在 30min 内完成测试。此系列标准工作溶液中，六价铬（Cr^{6+}）的质量浓度分别为 0mg/L、0.1mg/L、0.2mg/L、0.3mg/L、0.4mg/L、0.5mg/L 和 1.0mg/L。

3）六价铬（Cr^{6+}）含量的测定：分别将适量的系列标准工作溶液移入 10mm 比色皿，用分光光度计于 540nm 波长处测定其吸光度，以吸光度值对应质量浓度值绘制校正曲线。校正曲线的校正系数应不低于 0.99。

在同样条件下，测试经 0.45μm 的注射器式过滤器过滤后的试验溶液的吸光度，根据校正曲线计算试验溶液中六价铬（Cr^{6+}）的质量浓度。若试验溶液中吸光度值超出校正曲线最高点，则应对加显色剂前的提取液适当稀释后再测试，加标溶液量根据实际进行调整。

4）不挥发物含量的测定：水性涂料和溶剂型涂料的不挥发物含量，按 GB/T 1725—2007 的规定进行测定，称取试样约 1g，烘烤条件为（105±2）℃/1h。

5. 检测结果及评定

（1）检测结果　试样（以干膜计）中六价铬（Cr^{6+}）含量为

$$w=\frac{(\rho-\rho_0)VF}{mw(\mathrm{NV})}$$

式中　w——试样（以干膜计）中六价铬（Cr^{6+}）含量（mg/kg）；

ρ——试验溶液的质量浓度（mg/L）；
ρ_0——空白溶液的质量浓度（mg/L）；
V——试验溶液定容体积（mL）；
F——试验溶液的稀释倍数；
m——称取的试样量（g）；
$w(\mathrm{NV})$——不挥发物含量（质量分数，%）。

最终结果取两次平行试验的平均值。

（2）基体加标回收率　基体加标回收率的计算公式为

$$\mathrm{SR}=\frac{\mathrm{SS}-\mathrm{US}}{\mathrm{SA}}\times 100$$

式中　SR——基体加标回收率（%）；
SS——加标后试样（以干膜计）中六价铬（Cr^{6+}）含量（mg/kg）；
US——未加标试样（以干膜计）中六价铬（Cr^{6+}）含量（mg/kg）；
SA——加标溶液中六价铬（Cr^{6+}）含量折算成以试样干膜计的六价铬（Cr^{6+}）含量（mg/kg）。

例如，若加入0.5mL的六价铬（Cr^{6+}）标准贮备溶液（100mg/L），试样的不挥发物含量为0.50g/g，称取试样0.1g，则SA=0.5mL×100mg/L/(0.1g×0.50g/g)=1000mg/kg。

根据被测样品的六价铬（Cr^{6+}）含量，可以选择其他合适的加标溶液量，保证加标后的质量浓度在合适的曲线范围内。

（3）结果检出限的校正　基体加标回收率的可接受范围应为50%≤SR≤125%。

当SR<50%时，应重新加入两倍量的加标溶液量进行测试；当SR>125%时，应重新加入等量的加标溶液量进行测试。若重复测试后仍不满足50%≤SR≤125%，则碱性消解法不适用于所测试的样品，试样中六价铬（Cr^{6+}）含量按GB/T 9760—1988中第6章及8.1节、8.2.3节、8.4节的规定进行萃取液的制备（制备的颜料的称样量约0.5g），再按GB/T 9758.5—1988进行六价铬（Cr^{6+}）含量测试。结果除以不挥发物含量后，以干膜中六价铬（Cr^{6+}）含量报出。

若75%<SR≤125%，则无须校正结果，检出限为8mg/kg。

若50%≤SR≤75%，应根据基体加标回收率校正结果和检出限，即以结果乘以100%加标回收率与实际基体加标回收率的比值，检出限按同样方法进行校正。

例如，若样品的测试结果为100mg/kg，基体加标回收率为50%，则该测试样品的校正检出限=8mg/kg×(100%/50%)=16mg/kg，该测试样品的校正测试结果=100mg/kg×(100%/50%)=200mg/kg。最终报出结果为200mg/kg，检测限为16mg/kg。

（4）结果评定

1）重复性限：同一操作者两次测试结果的相对偏差小于20%。

2）再现性限：不同实验室间测试结果的相对偏差小于33%。

参考文献

[1] 涂料工艺编委会. 涂料工艺：上册 [M]. 3版. 北京：化学工业出版社，1997.

[2] 涂料工艺编委会. 涂料工艺：下册 [M]. 3版. 北京：化学工业出版社，1997.

[3] 林宣益. 涂料助剂 [M]. 2版. 北京：化学工业出版社，2006.

[4] 张秀梅，吴伟卿. 涂料工业用原材料技术标准手册 [M]. 2版. 北京：化学工业出版社，2004.

[5] 刘安华. 涂料技术导论 [M]. 北京：化学工业出版社，2005.

[6] 吴烈钧. 气相色谱检测方法 [M]. 北京：化学工业出版社，2000.

[7] 陈燕舞. 涂料检验实训指导 [M]. 北京：化学工业出版社，2013.

[8] 郭淑静，张秀梅. 国内外涂料助剂品种手册 [M]. 2版. 北京：化学工业出版社，2005.

[9] 朱爱萍. 涂料基础与新产品设计 [M]. 北京：化学工业出版社，2021.

[10] 刘仁，罗静. 涂料分析与性能测试 [M]. 北京：化学工业出版社，2022.

[11] 张玉龙，庄建兴. 水性涂料配方精选 [M]. 3版. 北京：化学工业出版社，2017.